[法]让-亨利·法布尔 / 著

林璐 / 译

[法]西尔维·贝萨尔 / 绘

刘晔 / 审定

画说昆虫记

法布尔笔下9个有趣的生命

世界图书出版公司

西安　北京　上海　广州

目　录

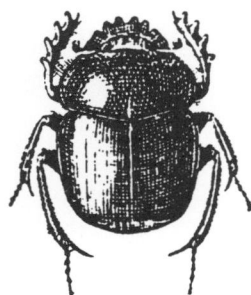

圣蜣螂

13

圣蜣螂
- 门：节肢动物门
- 纲：昆虫纲
- 目：鞘翅目
- 科：金龟子科

圣蜣螂也叫圣甲虫。这种食粪虫的特长是用粪便制造出比自己个头儿还大的粪球，再将粪球滚回洞穴。然后，它会在粪球上面产下一颗卵，这样一来，它的幼虫就能以这个粪球为食了。

泥蜂

23

泥蜂
- 门：节肢动物门
- 纲：昆虫纲
- 目：膜翅目
- 科：泥蜂科

泥蜂是一种擅长打洞的昆虫。它在土壤里面筑穴，一个洞穴有多个"房间"，每个"房间"都住着一只幼虫。泥蜂妈妈捉来附近的昆虫喂养自己的孩子，当贪吃的孩子把储备的"粮食"吃光，泥蜂妈妈会马上为孩子们供应新的食物。

寄蝇

24

寄蝇
- 门：节肢动物门
- 纲：昆虫纲
- 目：双翅目
- 科：寄蝇科

寄蝇俗称寄生蝇，属于双翅目昆虫，有一万多个种类。寄蝇妈妈将卵寄养在其他昆虫的窝里，这样孵化出的幼虫就可以享用寄主宝宝的食物，而真正的小主人常常会挨饿。

红褐林蚁

29

红褐林蚁
- 门：节肢动物门
- 纲：昆虫纲
- 目：膜翅目
- 科：蚁科

红褐林蚁能用松针、细树枝和干草建造出圆盖形的大蚁窝。它们通常很好斗，能够蜇咬敌人并将蚁酸喷到敌人的伤口上。

薄翅螳螂
- 门：节肢动物门
- 纲：昆虫纲
- 目：螳螂目
- 科：螳螂科

薄翅螳螂的头可以旋转180度，因此它不需要转动身体便可以追踪猎物。人们称它为"草中老虎"。它以活昆虫为食，胃口极大，一顿经常能吃掉跟它个头儿一样大的昆虫，有时甚至能捕食小鸟和蝙蝠！

螳螂

39

松毛虫

45

松异舟蛾
- 门：节肢动物门
- 纲：昆虫纲
- 目：鳞翅目
- 科：舟蛾科

松毛虫是松异舟蛾的幼虫。这种幼虫浑身长满毛毛，毛毛由许多含有无数细小螫针的小囊组成，会引起荨麻疹和过敏。当幼虫感到危险时，会断开这种微小的毛毛。这些毛毛若扎入受害者的皮肤，会释放毒素，从而引起过敏反应。

皇帝天蚕蛾
- 门：节肢动物门
- 纲：昆虫纲
- 目：鳞翅目
- 科：天蚕蛾科

皇帝天蚕蛾专在夜间活动。它是欧洲最大的蛾子，翼展宽达20厘米。它不用进食，因为它的寿命很短，通常只有一个星期左右，只够繁衍后代。

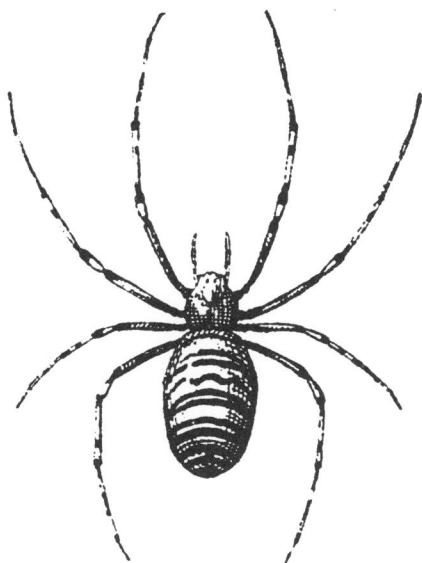

皇帝天蚕蛾

59

横纹金蛛
- 门：节肢动物门
- 纲：蛛形纲
- 目：蜘蛛目
- 科：园蛛科

它长着黄黑相间的条纹，因此也被称为黄蜂蜘蛛。当它蹲守在蛛网上时，这些条纹使它不容易被猎物发现。它通常会在黎明或黄昏时分，用大约一小时打造一张蛛网。

横纹金蛛

63

塔兰托狼蛛
- 门：节肢动物门
- 纲：蛛形纲
- 目：蜘蛛目
- 科：狼蛛科

它是人们所熟知的塔兰托蜘蛛。这种巨型蜘蛛，不算腿，可以长到3厘米长。过去，我们一直认为它的毒液会使人陷入昏迷，甚至死亡。但是今天我们才知道，这种毒液对人类是无害的。

狼蛛

71

让－亨利·法布尔

生平

1823年12月21日，让－亨利·法布尔在法国阿韦龙省的圣莱翁小镇诞生。他从小就拥有敏锐的观察力，喜欢去探索神秘的大自然，而且酷爱读书，总是贪婪地读着关于动物的图画书和拉封丹寓言。19岁时，他成为一名小学教师，每天带着孩子们在户外上课。同时，他对很多学科——昆虫学、数学、植物学和动物学——都充满兴趣。最终，他决心致力于最感兴趣的昆虫研究。1857年，他怀着一颗热忱的心开始写作，细致入微地描写昆虫的一举一动。

1867年起，他的教学方法不再受欢迎。于是，他从学校辞职，把所有时间都用来观察昆虫，将他的学识和对自然科学的热爱全部投入到创作之中，并在接下来的9年内，撰写了《昆虫记》第一卷和其他八十多本著作。这些书大部分都是写给孩子的。

1879年，他在奥朗日附近买下了一块非常好的地，并给它取名"阿尔马斯"（普罗旺斯语，意为"荒石园"）。这是一座研究大自然和活昆虫的实验室。在这里，他设计了各种稀奇古怪的器械，以便他展开观察活动。正是基于这些观察，他出版了另外九卷《昆虫记》。

法布尔的一生获得过众多奖项，除了法兰西学院的荣誉级勋章之外，还曾两度被推荐参与诺贝尔文学奖的角逐。1866年，他被任命为阿维尼翁自然历史博物馆馆长。1913年，90岁高龄的他受到了法国总统雷蒙·普恩加莱的嘉奖。大约两年后，这位老人与世长辞。但即便已经离世一个多世纪，他始终是所有昆虫发烧友不得不提及的引路人。

科学史家兼作家让·罗斯唐如此评价他："让－亨利·法布尔是一名伟大的学者，他像哲学家一样去思考，像艺术家一样去观察，像诗人一样去感受和表达。"

荒石园 *

　　这里是我最喜爱的地方：虽然长满荒草，又整天被烈日炙烤，但是在这里我可以仔细观察砂泥蜂和掘土蜂，不用担心被过往的行人打扰；在这里，我也不用耗费时间去长途考察，更不用耗费精力去辛苦追逐，我可以安心策划自己的实验方案，随时观察实验进展，等待结果。是的，这里就是我一直梦寐以求的地方。

　　这是一片被人们抛弃的荒地，没人愿意在这里播种。但是，对于膜翅目昆虫来说，这却是一座狂欢的乐园。这里长满了繁盛的刺蓟类植物和矢车菊，把周围的膜翅目昆虫全都吸引了过来。我以前在野外捕捉昆虫时，还从未见过哪个地方可以聚集如此多的昆虫。你瞧，"各行各业"的昆虫纷至沓来，它们当中有擅长追捕活物的"猎人"，有用黏土造房的"建筑工人"，有擅长梳理絮绒的"棉布纺织工"，有在花叶和花蕾中修剪材料的"备料工"，有用碎纸片制造板屋的"建筑师"，有搅拌泥土的"泥瓦匠"，有给木头钻孔的"木工"，有在地下开凿地洞的"矿工"，有加工羊肠薄膜的"技工"……还有不少其他的，多得我都记不太清了。

　　于是，这里逐渐变成了一个不研究昆虫标本而研究活昆虫的昆虫学实验室，一个需要认真应用农业和哲学知识，专门研究昆虫本能、习性、生活方式、劳动、斗争和繁衍的实验室。

　　我终于创立了荒石园昆虫学活实验室。

---

*现在，荒石园是一个带有植物园的博物馆，由法国国家自然历史博物馆管理。感谢让-亨利·法布尔作出的杰出贡献。

圣蜣螂

　　瞧这坨牛粪旁热火朝天的场面！在骄阳登场之前，成百上千只各种各样的食粪虫就已经聚集到了这里。它们乱糟糟地、迫不及待地想从这个大"蛋糕"里分得一份。一坨新鲜牛粪，在这布满百里香的贫瘠原野上，可不是想要就能有的。这样的意外收获实在难得！粪便的"香味"将这则幸福的消息传到了一千米以外的地方，引得四周所有食粪虫都急匆匆地赶来收集食粮。几个迟到的正在路上，或飞或爬地奔向牛粪。

　　那个匆匆赶向粪堆、生怕落在后面的家伙是谁？它生硬而笨拙地移动着长长的腿，红棕色的触角像扇子一样展开着，透露着不安的贪婪。它要到了！它终于到了，还顺手推翻了几个先到的食客。这位一袭黑装的食客就是圣蜣螂——食粪虫里最大、最有名的昆虫。这会儿，它正坐在"桌边"，与其他食客并肩战斗。食客们挥舞着宽大的前脚，有的在轻轻拍打粪球，进行加工；有的在粪球外面再裹上最后一层……之后，它们将带着粪球离开这里，回到家中，安静地享受自己的劳动果实。

　　圣蜣螂的头盖宽大扁平，头部边缘有六个角形锯齿，并排围成一个半圆形。这是它挖掘和切削的工

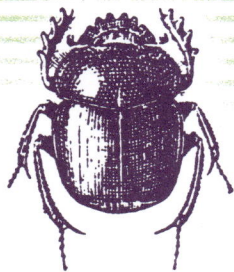

具——齿耙，用来剔除粪便里没有营养的植物纤维，把粪便耙干净，然后再把有用的部分重新攒好。

圣蜣螂的前腿在这项工作中起了很大的作用：当它用齿耙将粪便耙干净、大致攒成球之后，便用前腿抱起粪球，把它从肚皮下面运送到四条后腿之间。它的后腿是灵巧的旋转工具，负责把粪便加工成球形。

烈日当空，圣蜣螂忙碌地工作着，它的后腿旋转着粪球，展现出令人惊叹的敏捷性。圣蜣螂干活儿很麻利：刚才还是一颗小粪丸，现在已经变成核桃大小的粪团了，很快，就会变得像苹果一样大。

粮食准备完毕！圣蜣螂一刻也不停歇，立马上路，准备把食物运到一个合适的地方去。它用两条长长的后腿抱住粪球，将后腿末端的爪子插进粪球里面，作为旋转的枢轴。中

间的腿支撑住身体，前腿上的锯齿状臂铠一次次紧压地面，撬起身体，然后载着货物倒着赶路。它的身体倾斜，头在低处，身体后部高高翘起。圣蜣螂的后腿是搬运的主要部件，它们来来回回不停地运动，通过移动爪子更换旋转枢轴，以保持"货物"平衡，再通过左右交替推动，使粪球前进。

加油！好啦，粪球滚起来了，它会成功的。当然，运输途中不可能一帆风顺。这只食粪虫正在翻越斜坡，重重的粪球总感觉有顺坡滚下去的趋势。可这只食粪虫偏爱走这条穿越大自然的路。这是一个大胆的计划，一步之差、一颗扰乱平衡的沙粒都可能导致失败。哎呀！圣蜣螂失误了，整颗粪球滚到了山谷底部，它也因此栽了跟头。它手忙脚乱，飞奔着追上粪球，然后重新开始搬运。这次，它搬得更起劲儿了。

小心点儿呀，你这个冒失鬼！为什么不沿着小山谷的凹

陷处走呢？这样可以不用这么辛苦和麻烦啊。那里的路好走，很平坦，你的粪球可以轻松地滚起来。

不行。这只圣蜣螂显然打算重新攀登这道给它带来过挫折的斜坡。

或者至少走这条小路呀！小路坡缓，可以引你顺利通往高处。

不、不、不，如果小路紧挨着几道陡峭的斜坡，谁还爬得上去呢？固执的圣蜣螂还是更中意最初的那个斜坡。于是，它又开始了西西弗斯*式的苦行。它小心翼翼地倒推着这颗粪球，一步一步地将它推到了一定的高度。我不禁感叹，到底是怎样奇迹般的力量才将这个庞然大物固定在斜坡上的。啊！一个动作没配合好，前面所有的努力又付诸东流了！粪

球再一次拖着圣蜣螂骨碌碌地滚下了斜坡。但是它毫不气馁，再次开始攀登，不过很快又滚下斜坡。然后，圣蜣螂继续新的尝试。这一次，它在困难的路段表现得更加平稳。那块可恶的草根正是前几次害圣蜣螂栽跟头的罪魁祸首，这回被它谨慎地避开了。再来几步，马上就要到了，但是得小心点儿，再小心点儿。这个斜坡很危险，稍有不慎可就前功尽弃了。就在这紧要关头，圣蜣螂的脚在一颗光滑的砂砾上打了个滑，粪球再次拖着它骨碌碌地滚下斜坡。然而，它带着一股不厌其烦、不屈不挠的劲头，再一次踏上了旅程。十次、二十次，它一直重复这看似徒劳无果的攀爬，直到它的执拗战胜阻碍。

圣蜣螂并不总是独自搬运那珍贵的粪球，它们经常找搭档帮忙，或者更准确地说，是搭档主动找上门来帮忙。

---

*西西弗斯，希腊神话中的人物，因为触犯众神而被惩罚不断重复、永无止境地推石头上山。

热心的搭档以帮忙作为虚伪的借口，其实从最开始就盘算着如何把粪球据为己有。当然啦，自己整理粪球既耗费体力又耗费耐心，还不如抢一颗现成的，或者从现成的粪球里分得一部分呢。

粪球的主人丝毫不因搭档的到来而停下自己的工作。这个"搬运小分队"的新成员似乎受到了美好愿望的激励，立刻投入工作。两个搭档搬运粪球的方式不同：粪球的主人占领着主要位置，位于粪球后方，后腿翘起在高处，头在低处，倒推着粪球；新入伙的搭档在粪球前方，处于相反姿势，头在高处，带有锯齿的前臂放在粪球上，长长的后腿支撑在地上。粪球则夹在两个搭档之间缓慢前进。

为了评估圣蜣螂陷入艰难困境时的创新能力，我让它们经历了如下考验：在不干扰它们搬运的情况下，我用一根钉子把粪球钉在了地上，于是粪球突然停了下来。

圣蜣螂对我的邪恶行为毫不知情，还以为是遇到了什么自然障碍：车辙、狗牙根的草根，或是拦路的石子等。于是，它加倍用力，粪球却一动也不动。"到底发生什么事了？瞧瞧去。"圣蜣螂心想。

但它没有发现导致粪球不动的东西，于是又回到了粪球后面，重新开始推，然而粪球还是纹丝不动。"那去上面看看吧。"它想。

但粪球顶上只有那位静静趴着的搭档。我特意将钉子钉得很深，使钉子的顶部完全陷入粪球里。

毫无疑问，这只食粪虫从没遇到过这样的难题。

真正需要帮助的时刻到了。没有比这更幸运的事情啦：在需要帮助的时候，帮手就在身边，就趴在这颗粪球上。粪球的主人走过去摇了摇搭档，好像跟它说了这样一番话："懒汉！你在那儿做什么呢？快来瞧瞧啊，粪球不动了！"

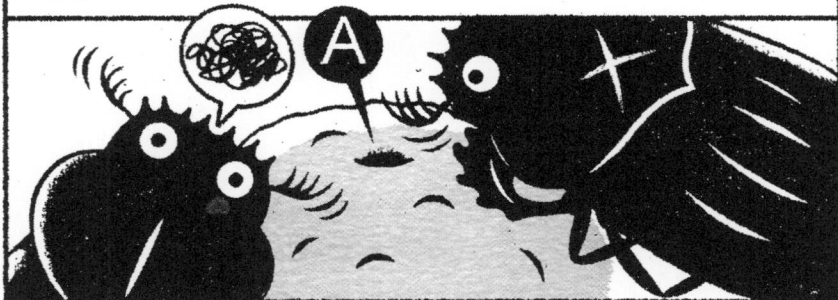

这时，这位搭档也意识到事情不对劲儿了。它注意到粪球的主人满脸担忧地来回踱着步子，也发现粪球停止不动了。于是，它从粪球上爬了下来。这回，轮到它来研究情况了。

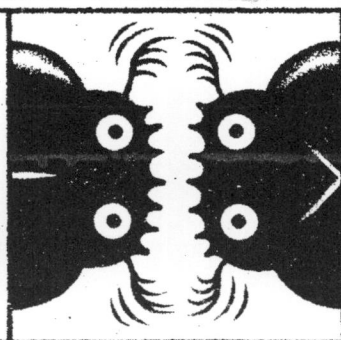

突然，一道灵光闪过，它们终于找到了问题的关键：粪球底下是什么情况呢？

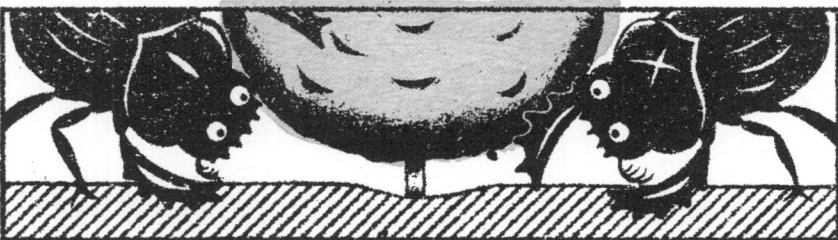

很快，问题的答案浮出水面。

如果让我给建议，我会说："应该在粪球顶上挖个洞，把钉住粪球的钉子给取出来。"这是最直接的方法，对于专家级别的挖掘类昆虫来说再简单不过了。然而，它们并没有采纳我的建议，甚至都没尝试过。比起人类的建议，圣蜣螂想到了更好的办法。

还好钉子不太长。最终，粪球脱离钉子，落到地上。

这对"搬运工"马马虎虎修好粪球中心的洞，然后又出发了。

它们终于结束所有的路程，找到了一个合适的地方落脚。粪球的主人始终占据着粪球后面这个光荣的位置，几乎独自完成了所有的搬运工作。落脚之后，它把粪球放在身边，又开始挖建"餐厅"。那位搭档则趴在粪球上面装死。

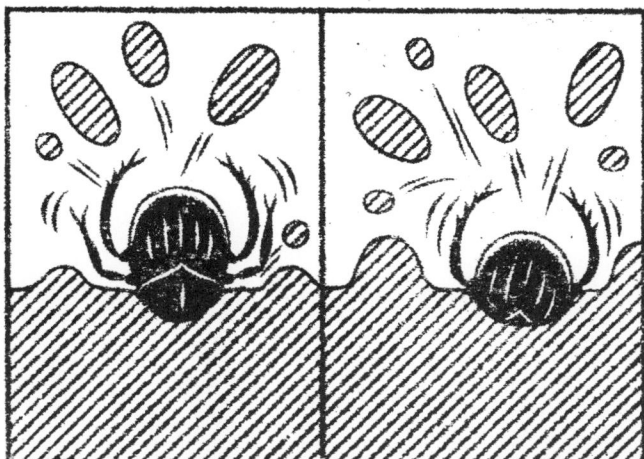

很快，圣蜣螂的整个身体都消失在这项渐具雏形的工程中。地下餐厅越来越大、越来越深，这位"挖掘专家"探出地面的次数也越来越少，最后完全沉浸在这项巨大的工程里了。

时机成熟，装死的搭档醒了过来。

这个狡猾的家伙立马行动，准备开溜。它头向下、脚朝上，倒推着粪球，动作十分敏捷，像一个害怕被抓住的小偷一样携物逃跑。这种不讲信用的行为让我感到气愤，但是为了故事的趣味性，我并没有阻止它。如果这种不道德的行为可能危及结局，我随时会进行干预，捍卫道义。

小偷已经逃出几米远，粪球的主人这才探出洞穴。它东张西望，却连粪球的影子都没瞧见。

!!!

圣蜣螂急急忙忙追上小偷，但是这个狡猾的家伙立马改变了搬运方式：它用后腿支撑身体，用带有锯齿的前臂抱住粪球，就跟之前帮忙搬运时一样。

啊！你这个可恶的家伙！还想辩解说是粪球自己顺着斜坡滚走的，而你是在努力拦住它，还说要把它带回圣蜣螂正在建造中的家里呢。但是我作为整个事件的目击者，可是亲眼看到你把粪球偷走，然后逃跑了。这是抢劫未遂，又或是别的什么我不确定的罪行！

可惜我的证词没有得到重视，仁厚的主人接受了搭档的辩解。然后，两只食粪虫齐心协力地将粪球带回了洞穴，仿佛什么事都没有发生过。

筑穴工程竣工。这座只有人类拳头大小的地下城堡修建在疏松的沙土里，并通过一条狭窄、短小的通道与外界连通。这条通道的宽度只够粪球通过。一旦把粮食运进洞穴，圣蜣螂就闭门不出了。关上城堡的大门，外界便再也影响不了城堡里的生活。现在开始尽情享受吧，一切都很美好："餐桌"上摆满了美味佳肴，炽热的阳光经过"天花板"的层层过滤，变得温暖而湿润，昏暗的光线、安宁的气氛和洞外的蟋蟀音乐会，一切都适合享用美食。

谁忍心破坏这场幸福的宴会呢？可我实在按捺不住进去窥探一番的欲望。于是，我鼓起勇气，闯入了圣蜣螂的洞穴。

只要与食物共处一室，圣蜣螂就开始没日没夜地进食、消化，直到"满桌饭菜"被一扫而光。不信的话，我们打开这只圣蜣螂隐居的洞穴瞧一瞧：圣蜣螂正纹丝不动地坐在"餐桌"旁，身后挂着一根连续不断的细绳，粗略地盘成一圈。不用多做解释，我们很容易就能猜到这条细绳是什么。圣蜣螂一口一口吞下庞大的粪球，当它的消化道汲取完营养成分之后，粪球的残渣就结成绳状物，从它身体的另一端排出体外。

在享用完整颗粪球后，这位隐士准备重出江湖，去寻找、发现和加工新的粪球，如此往复循环。

一只寄生虫

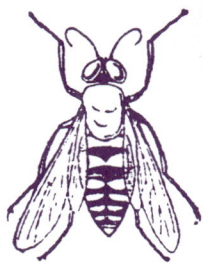

泥蜂在空中盘旋，然后缓缓降落，再重新起飞，飞到远处后，又返回原地。危险正在逼近它的巢穴，让它慌乱不安。它发出哀怨的嗡嗡声，这是一种只有当它身处险境时才会发出的声音，是它焦虑的信号。可敌人到底是谁呢？这个令泥蜂胆战心惊、惶恐不安的敌人，这个让泥蜂不惜一切代价躲避的敌人，正一动不动地趴在泥蜂洞穴附近的沙子上呢。嗬！原来是一只瘦小的双翅目昆虫——寄蝇，就是这只不起眼的小飞虫把泥蜂吓得心惊肉跳啊！

然而，泥蜂的忧虑并不是空穴来风，咱们瞧瞧它家里的情况就知道了。这位泥蜂妈妈累到筋疲力尽才为自己的孩子准备了一堆粮食，而此刻，六到十位饥肠辘辘的"客人"正围在泥蜂幼虫身边，用尖尖的嘴大快朵颐，共享着这份美食，丝毫没有客人应有的矜持。"餐桌"上倒是一团融洽，所有幼虫都乱糟糟地扎进食物，静静地咀嚼着，互不干扰。

到目前为止，只要不遇上严峻的困难，一切就还撑得过去。泥蜂妈妈不停地忙前忙后，很显然，它根本负担不起这巨大的消耗。光是喂饱自己的孩子，它就需要不停地外出捕猎。如果要同时养活十五六个贪吃鬼，它可怎么办才好呢？家族的迅速壮大必然导致饥荒，但挨饿的可从来不是双翅目幼虫。寄蝇们发育得很快，遥遥领先于泥蜂的幼虫。于是这些宿主宝宝就遭了殃，它们正处于变态发育的阶段，却再也追不上双翅目幼虫的发育速度了。

慢慢地，泥蜂的幼虫变得干瘪瘦削、软弱无力，衰弱到只有正常大小的一半，甚至三分之一。它们尝试着织茧，却是徒劳：吐不出丝。它们蜷缩在巢穴的角落里奄奄一息，周围是那些幸福的"客人们"结成的蛹。

那么，寄蝇科昆虫是用什么手段将自己的虫卵寄养到泥蜂巢穴里的呢？寄蝇绝不会进入泥蜂洞穴，因为它一旦踏入通道，就会失去逃跑的自由，从而为自己无耻的行为付出惨痛的代价。对它而言，实施计划的绝佳时机，也是它耐心等待的时刻，就是泥蜂将猎物夹在腹下进入洞穴的瞬间：短小的泥蜂将半个身子探入洞穴，即将消失在地下，此时的猎物从泥蜂身体后端微微露出一角，寄蝇便急忙飞来落在猎物上，趁着主人因进入洞穴略有困难而放慢速度之际，迅速在猎物上接连产下一颗又一颗虫卵。

虽然被猎物绊住一会儿，但也不过是一眨眼的时间，泥蜂就会进入洞穴。然而这点时间足够寄蝇实施它的罪行，甚至不会被拖过洞穴的门槛。寄蝇的器官运作起来是那么灵活，瞬间就能完成产卵。当泥蜂消失在洞口，亲自把敌人的孩子带入自己的巢穴，那只寄蝇科昆虫则潜伏在阳光下，埋伏在洞穴附近，继续酝酿新的恶行。

泥蜂的洞穴外，几只小飞虫（数量时多时少，通常有三四只）一动不动地趴在沙子上，眼睛直勾勾地盯着洞口。尽管洞穴的入口很隐秘，但它们早已了如指掌。它们那暗棕色的身躯、血红色的大眼睛和纹丝不动的状态，时常让我联想到匪徒，就像那些穿着棕色粗呢大衣、头上包着红手帕的恶棍。它们就这样埋伏着，等待着干坏事的最佳时机。

通常泥蜂载着猎物返回洞穴时，如果没有遇到值得担忧的情况，它会径直落在洞穴入口。但这一次，它始终在一定高度的半空中盘旋着，谨慎地慢慢低飞，似乎在犹豫着什么。

它发出哀怨的嗡嗡声，这是翅膀特殊震动发出的一种声音，正诉说着泥蜂的忧虑。

嗡嗡嗡——

它终于发现了这帮"恶棍"！

寄蝇也发现了泥蜂，目光齐刷刷地射向它们所觊觎的猎物。

泥蜂垂直落下，翅膀是它的降落伞，它任凭自己的身体有气无力地坠落，然后在半空中盘旋。

就趁现在！小飞虫们迅速起飞，全部跟在泥蜂身后。它们精准地排成一条直线，时近时远，跟着泥蜂飞来飞去。

为了挫败它们的阴谋，泥蜂来了个急转弯，但小飞虫们也跟着急转弯，并且始终保持着队形。

泥蜂加速，寄蝇们也加速；泥蜂后退，它们也后退。寄蝇们时而慢，时而保持匀速行进，根据泥蜂的飞行状态调整着自己的飞行模式。

寄蝇从不试图扑向它们垂涎的猎物，它们的策略是紧紧跟住泥蜂。它们处在泥蜂后方的位置可以省去飞行过程中的种种麻烦，方便在最后一刻实施突袭。

有时候，泥蜂被这些执拗的跟屁虫追得心烦意乱，就直接降落在地上。寄蝇也立刻尾随其后，停在沙子上，一动不动。

泥蜂再次起飞。这一次，它发出了更尖锐的嗡嗡声，显而易见，它变得越来越愤怒。当然，寄蝇也跟着它再次出发了。

突然，泥蜂想到一个绝妙的办法，可以摆脱这群固执的"匪徒"：它一个猛冲飞到远处，希望可以通过在田野间快速变换飞行战术来甩开这帮寄生虫……

可这群狡猾的小飞虫并没有落进泥蜂的圈套。它们任由泥蜂向远处飞去，然后掉头重新回到洞穴旁的沙子上，守株待兔。

当泥蜂再次返回洞口时，同样的追逐又一次上演，直到这些顽固的寄生虫耗尽泥蜂的精力。最后，泥蜂放松了警惕。当它拖着身下的猎物即将消失在洞口时，寄蝇突然现身。它们当中占据最有利位置的那只迅速降落在猎物上，顺利产下虫卵。

!!!

红褐林蚁

在荒石园实验室里，有众多实验品，其中最珍贵的是一种很有名的红蚂蚁——红褐林蚁。这种蚂蚁不会自己觅食，也不善于哺育儿女，哪怕食物近在咫尺，它们也不知道取用。它们必须依靠"仆人"伺候饮食、照料家务。它们如同一群"偷孩子的贼"，让偷来的"孩子"为自己的蚁群服务。它们专门抢劫附近其他种类的蚂蚁邻居，把邻居家即将孵化的幼虫带回家，等这些幼虫孵化出来，就成了红褐林蚁家中最勤劳的"仆人"。

此时正值酷暑，我时常在下午时分看到红褐林蚁离开营地，开始远征。这支队伍浩浩荡荡，长达五六米。如果一路上没有遇到蚁穴，它们会一直保持原有队形。可一旦发现蚁穴的迹象，队首的红褐林蚁会立刻停止前进，随着后方的队员快步汇入，蚁群也迅速扩大，整个队伍乱成一团。一些侦察兵出去查看情况，并未发现异样，于是它们立即恢复队形，重新上路。队伍穿过花园，在远处的草丛中忽隐忽现，从一个草堆窜到另一个草堆，不停地搜索。

总算找到了一个黑蚂蚁窝，里面的幼虫睡得正香。于是，红褐林蚁们争先恐后地闯入幼虫卧室，然后迅速携带着战利品爬向洞口。接着，在这座地下城的门口，保卫后代的黑蚂蚁和一心抢劫的红褐林蚁混为一团，打得不可开交。但由于战斗双方的实力过于悬殊，胜负很快揭晓：红褐林蚁赢得了胜利，快乐地踏上了回家的路。每只红褐林蚁都有收获，它们将襁褓中的黑蚂蚁幼虫紧紧抵住上颚，拖着它们急急忙忙地赶回自己的洞穴。

　　红褐林蚁抢劫的路线完全取决于附近黑蚂蚁洞穴的位置。为了寻找猎物，它们从不在乎路途的艰难和曲折。

　　由于狩猎的路上可能出现各种状况，它们选取的路线通常很复杂。不过，一旦选定蚁穴，无论路途多么曲折、复杂，哪怕到了最艰难的境地，红褐林蚁都会坚持沿着选定路线行进。返回蚁穴时，也要严格沿着原路行进，逐一经过出发时路过的地点。对于它们而言，原路返回是天经地义的事。就算再疲惫，就算遇到再大的危险，也不能轻易改变路线。

有一天，我撞见它们又要外出抢劫。队伍正沿着池塘边的砖墙内侧前进，池塘里的两栖动物刚刚被我换成了几条金鱼。突然，一阵大风刮过，队伍边缘的红褐林蚁被吹到了水里。金鱼一见，立刻游了过来，快活地享用着这些落水者。逃生的路十分艰险，从池塘成功脱险之后，红褐林蚁部队已经损伤了大半。见到这种情形，我猜它们在返程时会选择另一条路，从而绕过这致命的悬崖。然而，回程时，满载而归的队伍再一次选择了这条危险重重的路线。这下，金鱼得到了双重美食——红褐林蚁和它们的战利品，执拗的红褐林蚁部队再次遭受重创。

为什么红褐林蚁能够按照原路返回呢？它们是不是在路上留下了某种可以散发气味的物质，比如蚁酸，从而让它们可以寻着气味找到回家的路？许多人都支持这种看法。

但是我对这种看法持怀疑态度，因此，我希望通过实验来证明红褐林蚁并不是依靠气味引路的。

为了观察红褐林蚁出洞，我常常一等就是整个下午，还时常无功而返，实在花费了太多时间。于是我给自己找了一个小助手，她比我悠闲多了。这个小助手就是我的小孙女——露西。我经常跟她讲红褐林蚁的故事，她很感兴趣。在我向她强调了这项任务的重要性之后，露西对自己的工作很是骄傲，尽管面对科学这个"巨人"，她还显得那么幼小。天气好的时候，露西就在花园里跑来跑去，监视着红褐林蚁。她的任务是仔细观察红褐林蚁部队的抢劫路线。

有一天，我正在整理平常写的笔记，突然听见一阵急促的敲门声：

"砰！砰！是我，露西。爷爷快来，红褐林蚁部队闯入黑蚂蚁的家了。快来！"

"那你记住它们走过的路线了吗？"

"记住了，我都标记好了。"

"标记好了？你是怎么标记的？"

"就像《小拇指》的故事里讲的那样，我在路线上撒了白色的小石子。"

我急忙赶到现场。正如六岁的小助手向我讲述的那样，红褐林蚁们已经抢劫完毕，开始沿着一条白色的石子路往回走了。

34

A	蚂蚁部队 x1
B	小石子 x1
C	扫帚 x1

我拿来一把结实的扫帚，把红褐林蚁走过的路线扫得干干净净，扫出的路面宽约一米。扫帚来回摆动，将路面的旧灰尘带到路的两侧，新的灰尘又从别处涌入，重新覆盖了路面。如果路面的旧灰尘沾染了蚂蚁留下的气味，那么当它们被清除后，蚂蚁们一定会迷失方向吧。我选取了四处不同的地点将路线扫断，形成了四个实验区，相邻的实验区间隔几步远。

就在这时，红褐林蚁部队抵达第一个实验区。它们显得十分犹豫，在路边徘徊着。有的先倒退一点儿，不一会儿又凑上前来，然后再次后退；有的则在这片区域的前沿左右张望；还有的分散到路两侧，似乎想绕过这个未知的区域。队伍的头部分散至三到四米宽，随着后面的蚂蚁陆续赶到，实验区前的蚂蚁越聚越多。它们不断集结，队伍散成一片。最后，终于有几只勇敢的蚂蚁冒险走进了第一个实验区，后面的蚂蚁陆续跟了上来，还有一支小分队沿着路两侧绕行，它们最终通过了第一个实验区，找到了原来的路线。在剩下的几个实验区，红褐林蚁刚开始都表现出了同样的犹豫，接着它们或向前突击，或从侧面绕行，之后成功通过了所有实验区。尽管我设下了层层圈套，红褐林蚁仍旧沿着小石子标记的路线成功返回了蚁穴。

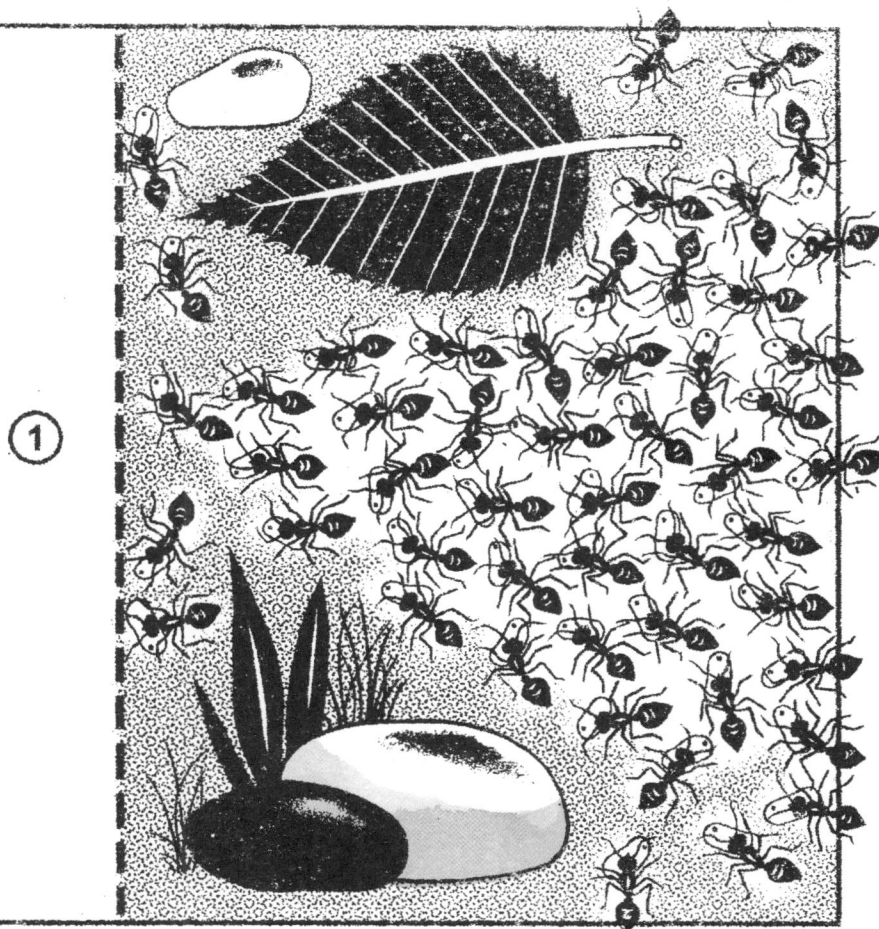

①

这个实验似乎证明红褐林蚁能够按照原路回家依靠的是嗅觉。在四个实验区，红褐林蚁刚开始都表现出了犹豫不决的样子。它们最后之所以能够沿原路返回蚁穴，可能是因为路面的气味清扫得不彻底，还留下了一些带气味的灰尘。而绕过实验区的红褐林蚁则可能受到了路两侧旧灰尘的引导。不过，在得出结论之前，我需要对实验条件进行优化，然后再开展一次新的实验。这次一定要彻底清除所有带气味的物质。

　　几天之后，我制定好了新的计划，露西再次进行观察。只要红褐林蚁外出，她就立刻通知我。露西依旧仿照小拇指，用小石子沿着路线做好了标记，我在这路线上选取了一个实施"阴谋"的最佳位置。

　　我取来一根浇花的软水管，接通水池的取水装置，然后打开水阀。水流源源不绝，向远处漫延，汹涌的水流冲断了蚂蚁们回来的路。这一次，蚂蚁们面对这条"河流"犹豫了很久，落后的"士兵"赢得大把时间可以追上先锋队。它们踩着几颗露出水面的小石子前进，可惜前方的水域深不见底，许多莽撞的"士兵"被水流卷走了。不过，这些红褐林蚁即便落水，也绝不松开战利品。它们随着水流飘来荡去，搁浅在某个浅滩上，就再次上岸，重新寻找可以涉水而过的地方。水流冲来的几根麦秆成为蚂蚁过河的桥梁，几片凋落的橄榄树叶变成众多蚂蚁渡河的小船。还有一些骁勇的"战士"，不靠任何工具，抵达了对岸。有的蚂蚁被水流卷出两三步远，漂流到某一处岸边，看起来忧心忡忡，不知道接下来该怎么办。身处溺水危险的"士兵"没有一个肯放弃自己的战利品，它们死死捍卫着自己的战利品，哪怕以生命为代价也在所不惜。最终，红褐林蚁们顺利度过险境，再一次按照原路回到了家里。

所以，不是嗅觉指引蚂蚁大军找到了回家的路，而是视觉。因为无论我用何种方式改变路线，用扫帚扫还是用水管冲，返回的蚂蚁部队刚开始都会停住脚步，犹豫不决，之后又会努力搞清楚眼前发生的变化。

但仅仅依靠视觉还不够，红褐林蚁还需要依靠自己对路线的精准记忆。蚂蚁还有记忆？那究竟是什么样的记忆？有时，被洗劫的黑蚂蚁蚁穴储藏着大量未孵化的幼虫，红褐林蚁的远征部队无法一次全部运走，于是它们会在第二天、第三天或第四天进行第二次远征。这一次，蚂蚁队伍不用在路上寻寻觅觅，它们会精准地沿着已经走过的路线，径直奔向藏着大量幼虫的蚁穴。

这说明红褐林蚁对路线的记忆可以保留到第二天甚至更久，同时还保持着较高的精准度。它们的记忆能指引红褐林蚁穿越路上的种种险境，沿着前一天走过的同一条路抵达目标蚁穴。

螳螂

这又是一只来自法国南部的昆虫，它的有趣程度绝不输于蝉。这里的人们把它称作"向上帝祷告的虫子"，学名则叫薄翅螳螂。

在烈日炙烤的牧草上，一只仪表堂堂的昆虫直立着半个身子。它那宽大而轻薄的绿色翅膀好似亚麻长裙，两只前脚（或者说是两只胳膊）伸向空中，做出一副祷告的样子。我不需要过多地描述，只要人们插上想象的翅膀，就能完成故事的剩余部分：自远古以来，这片荆棘丛里就住满了这些传达神谕的"修道士"……

啊，天真幼稚的好心人，你们这是犯了怎样的错误！要知道，它那祈祷的神情掩盖的是残忍的心肠，它那虔诚祈求的手臂则是恐怖的猎杀工具：它们会取走一切从身边经过的猎物的性命。谁能想到，螳螂竟然是温和的昆虫种群里的"恶虎"，是埋伏着、伺机捕获新鲜血肉的"妖魔"呢？

它那看似柔和的身躯与前腿上的捕猎装置形成了强烈的反差，它的胯部负责向前弹射猎杀工具。它可不会等待受害者自投罗网，它喜欢主动出击。

螳螂的大腿上长着两排锋利的齿刺，像一把镶着两片平行锯条的锯，两排齿刺中间是一道凹槽，它的前腿折叠之后可以放在这里。前腿的末端是一把结实的钩子，其尖锐程度可以与最顶级的钢针媲美。

蝗虫、蝴蝶、蜻蜓、苍蝇和蜜蜂都时常牺牲在螳螂那锋利的前足下。在我的笼子里就有这样一位"猎人"，它从不会在任何猎物面前退缩。无论是灰蝗虫还是螽斯，园蛛还是冠冕蛛，都逃不过它的利爪，最终都会被卡在它的齿刺之间无法动弹。这个过程值得好好讲述一番。

一只肥大的蝗虫正傻乎乎地向钟形笼子的金属网靠近。螳螂突然身子一跃，瞬间切换到可怕的攻击姿势，就算是电击也很难产生比这更快的反应。这个转变非常突然，螳螂的神态又如此恐怖，没有经验的观察者恐怕会立即把手缩回去。即使像我这样有经验的观察者，一不留神，也会被这样的转变吓一大跳，就像被突然从盒子里弹出的恶作剧玩具吓到一样。

螳螂保持着这一怪异的姿势，一动不动，死死盯着这只大蝗虫。对方移动，螳螂的脑袋也跟着慢慢转动。这种架势的目的很明显：它想震慑住这只强壮的猎物。

没人知道蝗虫那长长的脑袋里正在想些什么，我在它那麻木的面罩上也看不到任何不安的神情。

不过，受到威胁的蝗虫也意识到了危险。它看着这只怪物在自己面前直立起身子，高举着钩子，随时有可能扑过来。它感到死神就在眼前，虽然还有逃生的一线希望，可是它并没有逃走。蝗虫是擅长跳跃的"运动健将"，轻轻松松就能跳出螳螂利爪的攻击范围。但是这只蝗虫偏偏傻傻地愣在原地，甚至还在慢慢地靠近对方。

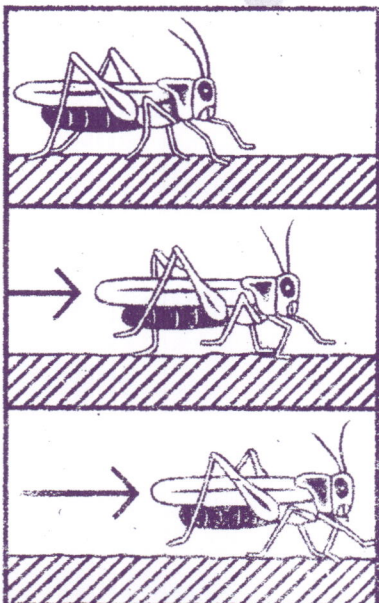

据说，小鸟在见到蛇张开的大嘴和凛冽的目光时会被吓得不能动弹，任由对方一口咬住，再也飞不起来。此时的蝗虫就是这样一种状态。

现在它已经落入螳螂的攻击范围之内了。

突然，螳螂的两只大弯钩猛压下来，尖锐的爪子一把钩住蝗虫，再猛地将双锯合拢、夹紧。可怜的蝗虫立刻没了还手之力，只是徒劳地抗争着：它的大颚咬不到螳螂，后腿胡乱踢着，最终死在螳螂的利爪下。然后，螳螂收起翅膀，将这对"战旗"合拢，恢复到正常的姿势，开始享用美餐。

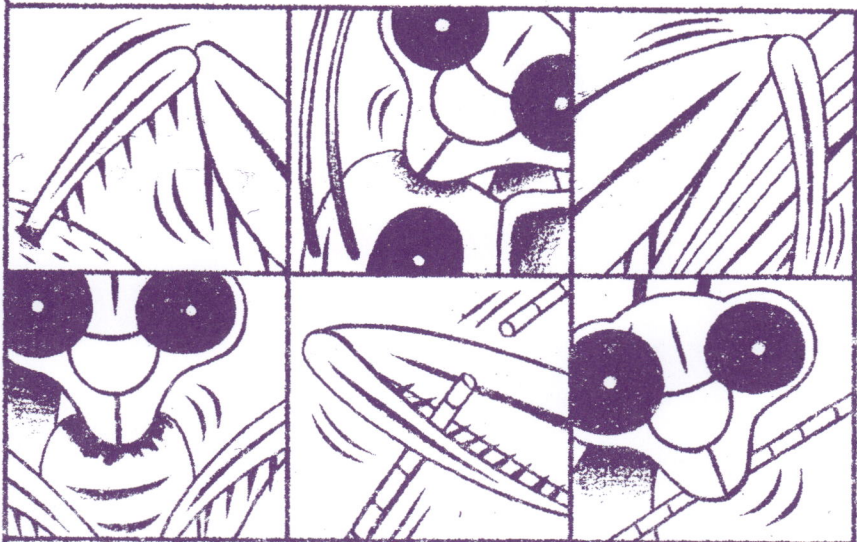

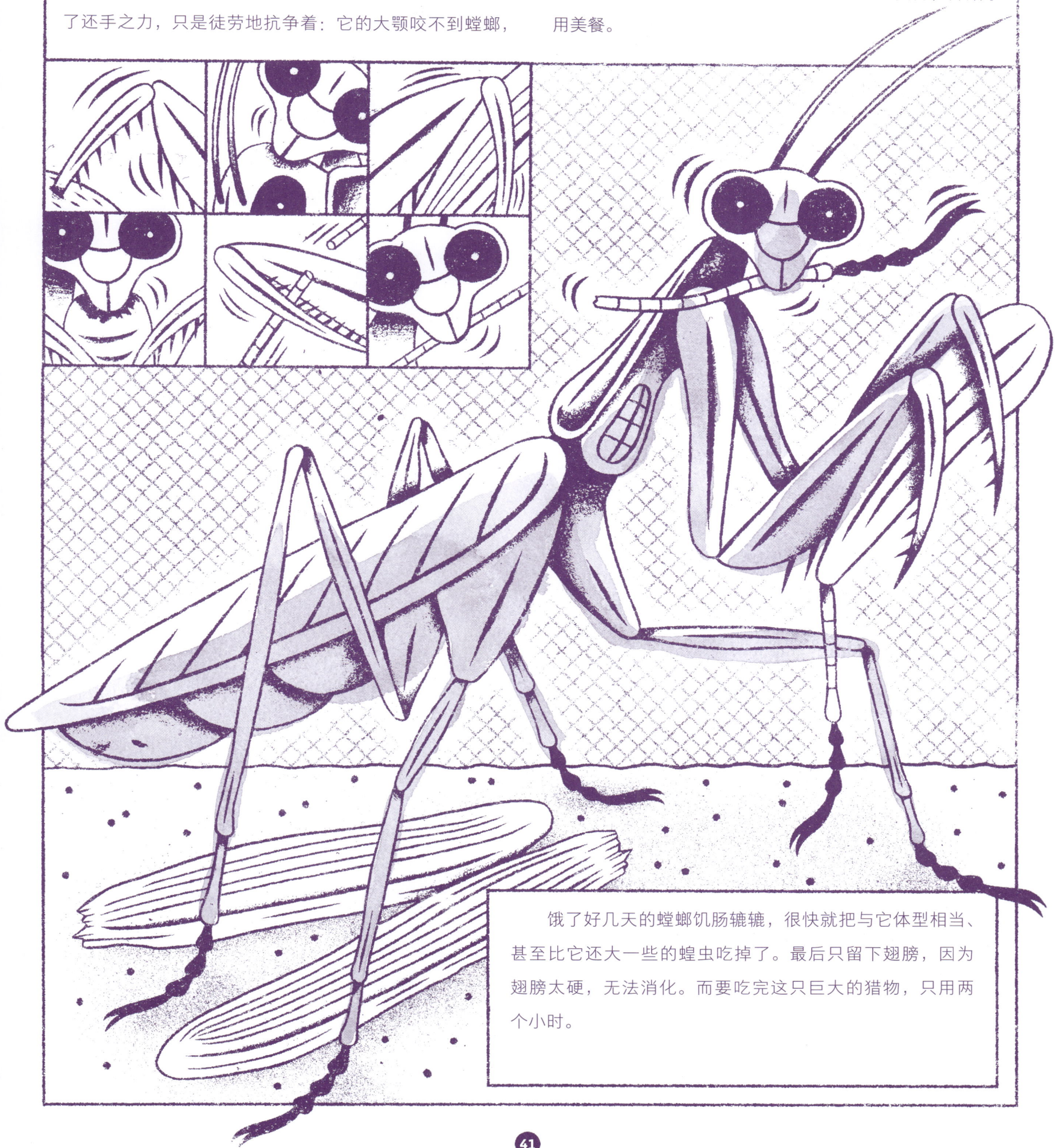

饿了好几天的螳螂饥肠辘辘，很快就把与它体型相当、甚至比它还大一些的蝗虫吃掉了。最后只留下翅膀，因为翅膀太硬，无法消化。而要吃完这只巨大的猎物，只用两个小时。

爱情故事

我们刚刚了解了一些关于螳螂的知识，这与它的俗名让人联想到的不太一致。我们以为它是温和的昆虫，喜欢虔诚地冥想，却发现它是捕食同类的残忍家伙。然而这还不是螳螂最残忍的一点，在这个种群内部，还存在着一种绝无仅有的残暴习性。

我在同一只笼子里养了几对螳螂。雌螳螂们的肚子鼓鼓的，卵巢正滋养着卵子。交配和产卵的时刻即将到来，笼子里爆发出一股嫉妒的气息。雄螳螂之间开始互相威胁、打斗，甚至会把对方吃掉。

为了避免螳螂数量太多、引起混乱，我把"情侣们"分别移放到了不同的钟形笼子里，每对"情侣"都有自己的住处。

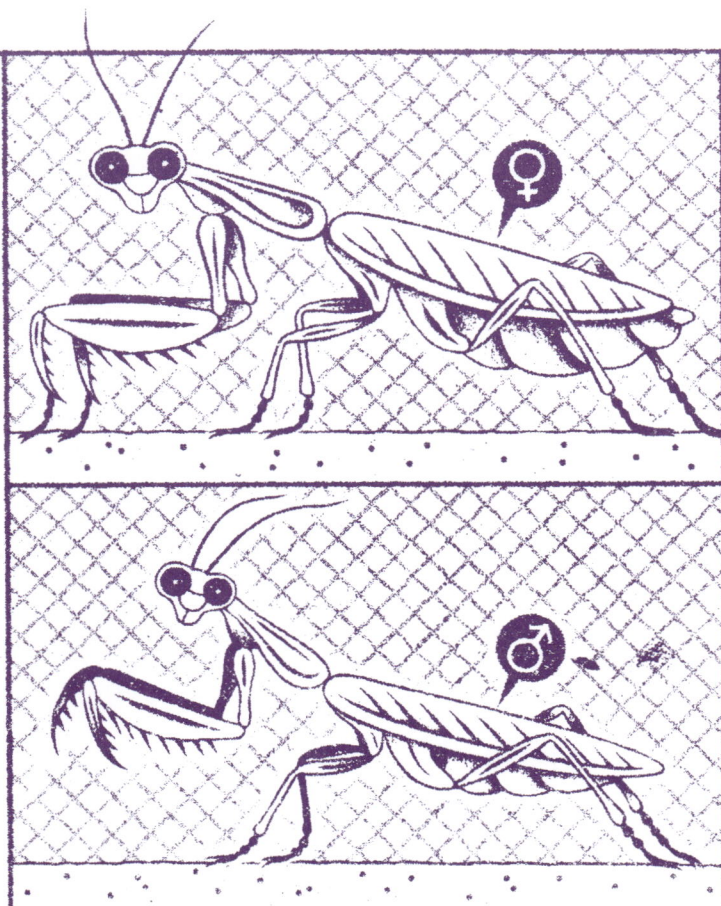

临近8月末，瘦长的雄螳螂坠入爱河。它开始发出求爱的信号，向强壮的女伴抛送秋波：它把头转向雌螳螂，弯下脖子，挺起胸膛，那又小又尖的脸上满是依恋。

它保持着这个姿势，一动不动地凝视着心爱的"姑娘"。但雌螳螂摆出一副冷淡的模样，似乎没什么反应。

不一会儿，在我没有察觉到的情况下，爱慕者好像捕捉到了一个许可的信号。它迅速靠近雌螳螂，忽地展开翅膀。翅膀轻轻抖动着，这是它爱的宣言。

它飞奔着扑向雌螳螂，虚弱地伏在高大肥胖的女伴背上。它使出浑身的力气钩住对方，将自己固定在爱人身上。交配前的序曲通常要持续很长时间，交配持续的时间也很长，有时长达五六个小时，直到它们成功完成交配。

交尾成功后，它们会暂时分开，这是为了在不久之后以更亲密的方式"团聚"。那可怜的雄螳螂因为能够激活雌螳螂的卵巢而获得了美人的垂青，但它同时也成了雌螳螂觊觎的可口美味。就在当天，最晚第二天，它就会被女伴逮住，按照惯例，先被啃断脖子，再被一小口、一小口地吃掉……

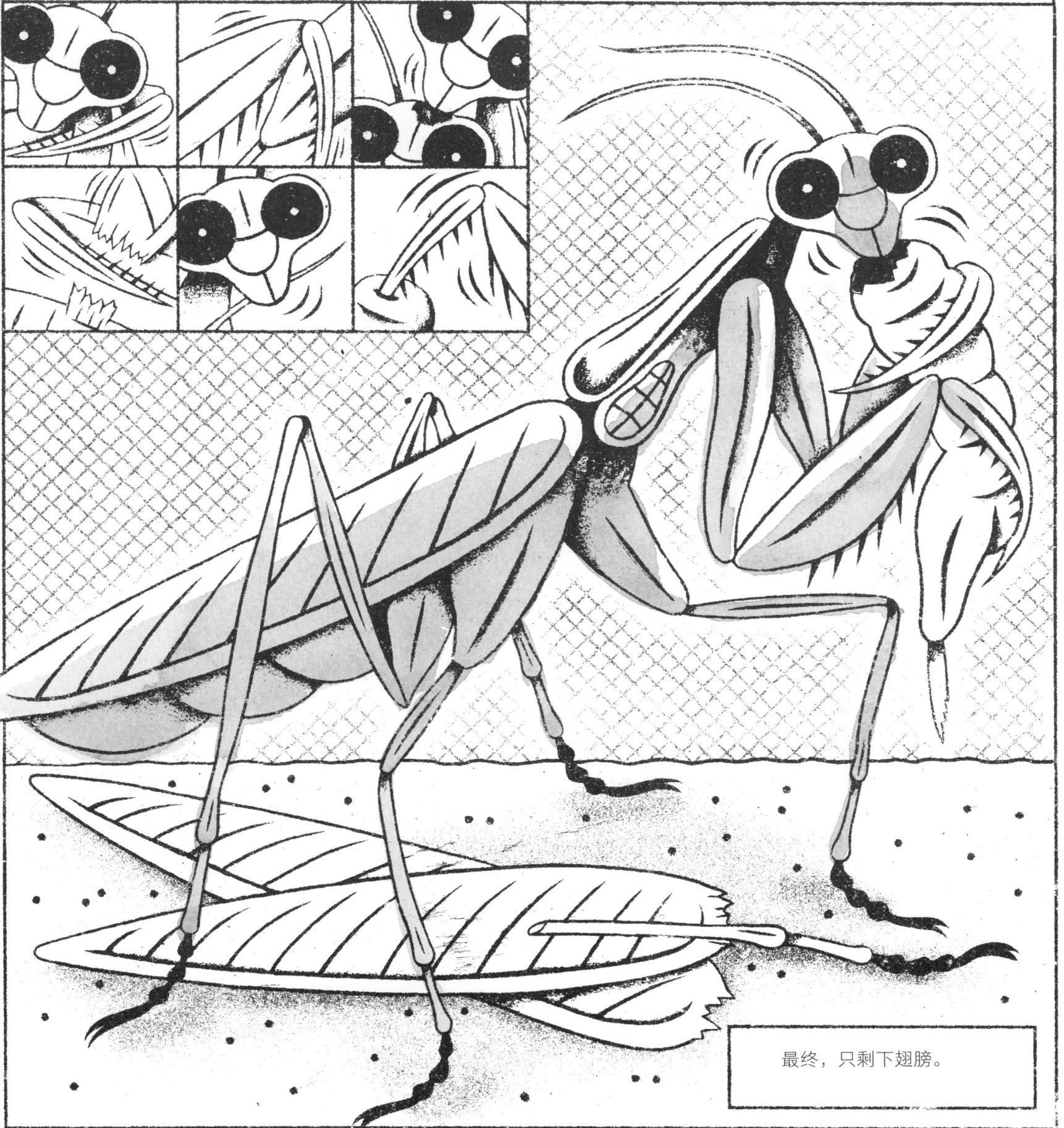

最终，只剩下翅膀。

松毛虫

巢穴和社会

在我的荒石园昆虫实验室里，挺立着许多茂盛的松树。每年，松毛虫（松异舟蛾的幼虫）都会将它们占领，在树上纺织出硕大的袋囊。

11月的寒冷如期抵达荒石园，是时候建造一个御寒过冬的住所了。松毛虫选择了一根位于高处的枝梢，这里的松针密度恰到好处。这群"织女"用一张松散的网将松树枝丫包裹起来，丝网拉着附近的松针向内微微弯曲，使它们贴近轴心，最终连同松针一起织入网内。就这样，一个半丝半叶的居所便成型了，它将为松毛虫抵挡严冬的寒冷。

12月初，巢穴有人的两个拳头大小，临近冬末，它的容积达到两升。这个粗糙的袋囊呈卵形，下半部向低处延伸，越来越尖，就像一个不断扩大的套子，将支撑它的枝丫整个包裹起来。

在这卵形的袋囊顶部有一些半开着的圆孔，这是住所的门，松毛虫们就是从这里进出"大宅"的。

这里还有一片宽阔的平台。白天，松毛虫爬到这里，把身体弯成一个圈，挤在一起，在太阳底下打盹儿，十分惬意。

每天早上大约十点，它们就会离开住所，来到这个平台上。松针尖在头上搭起一道游廊，温暖的阳光照耀在它们身上。它们每天都要到这里午睡，一个压着一个，心满意足地沉醉在阳光的温柔怀抱中。晚上七八点，夜幕降临，沉睡的松毛虫苏醒过来。它们扭动个不停，四处游荡，活动身体，遍布整个巢穴的表面。

这真是一幅迷人的景象：一条条鲜艳的红棕色斑纹在白色丝绸上四处游荡，有的向上拱，有的往下爬，有的横向穿梭闲逛，还有些则排成短短的队列成串爬行，如波浪般此起彼伏。

为了密切观察松毛虫的生活习性，我在温室里放了六个巢穴。每个巢穴都用树杈固定在沙土上，枝丫成为它们的轴心和屋架。我给每个巢穴定额分配了一束松树幼枝，等这些幼枝逐渐被松毛虫啃断，我再供应新的。每天晚上我都会提着灯笼去查看这些松毛虫，由此获得了大量的第一手资料。

松毛虫下班了，是时候饱餐一顿了。它们从巢穴里爬下来，添了几根丝线，将银色的袋囊织得更大了。它们踩着袋囊，够到了旁边的新鲜绿叶。

晚餐要一直吃到深夜，等到酒足饭饱，它们才打道回府。在接近凌晨一两点时，整群松毛虫才回到家里。

列队而行

松毛虫是盲从的动物：它们总是排成整齐的队伍，领头的松毛虫走到哪儿，后面的松毛虫就跟到哪儿。每只松毛虫的头部都紧挨着前面松毛虫的尾部，像一条连续不断的细绳。

领头的松毛虫不断吐丝，并把丝线固定在自己随意选择的那条弯弯曲曲的路上。第二只松毛虫踏上这条路时，再铺下第二根丝线，第三只松毛虫再铺下第三根……后面的松毛虫都依次铺上自己吐出的丝。当整支队伍经过后，它们身后就留下了一条窄窄的丝带，在阳光下闪烁着晶莹洁白的光。

夜晚来临时，一簇簇巨大而混乱的松针像米诺斯的迷宫一般错综复杂。但是有了丝带的引导，松毛虫可以准确地找到回家的路。到了该回家的时候，每只松毛虫都能轻而易举地找到自己吐的那条丝，又或是相邻的某条丝。分散的部落渐渐汇聚成一条队列，行进在共同织出的这条丝带上。丝带的尽头连接着它们的家，顺着丝带，这支吃饱喝足的松毛虫队伍就可以安然无恙地返回家中了。

我把行走在每支队伍最前面的那只松毛虫称作"队伍的首领"，不过，"首领"这个词用在这里并不是那么准确。因为，实际上这位"首领"与其他队员毫无区别，只是偶然将它安排在了队首的位置，仅此而已。所有的松毛虫队长都只是临时长官，别看此刻它还在领导队伍，倘若队伍意外解散，再以另一种顺序重新组合时，它马上就会成为被领导的对象。

但这临时的职位还是赋予了松毛虫队长一种与众不同的姿态。当其他的松毛虫排成一条线，被动地跟着队伍行进时，身为队长的它，则会扭动不停，粗鲁地指挥着队伍的前进方向。队员们只能抓着腿脚之间的丝带，不声不响地跟在它的身后。

松毛虫的队伍总是长短不一。从2月份起，温室里就涌现出了各种长度的队伍。看着它们，我在想：我能给它们设下什么样的"埋伏"呢？

我打算让松毛虫沿着封闭的环行路线行进。我得先毁坏连在它们身上的丝带，因为丝带可能会将队伍带离环形路线。

在沙土堆砌而成的人行道上，有几个周长接近1.5米的大花盆。松毛虫经常爬到花盆外壁，一路攀登到盆沿，没错，盆沿就是我找到的环形路线。现在只需要等待实施计划的有利时机了。很快，幸运女神就将机会送到了我的手上。

1月的最后一天，将近正午时分，我撞见一群数量众多的松毛虫正向着花盆盆沿爬去，即将踏上我设计的实验路线。

1

它们依次慢慢地爬上大花盆，抵达盆沿后排成整齐的队伍，开始前进。与此同时，其他的松毛虫正接连赶来，队伍越来越长。

2

我在一旁等着队伍闭合。一刻钟后，沿着环形盆沿行进的松毛虫队长回到了最开始的入口处，线路完美地闭合了，几乎呈一个圆形。

3

现在应该把还在向上爬的松毛虫赶走，以免过多的松毛虫破坏队伍的完美秩序，还得清除所有丝线铺成的小路，因为它们可能会将队伍引离盆沿，带领松毛虫返回地面。于是，我用一支粗毛笔扫走了多余的松毛虫，再用一把粗糙的刷子清扫花盆侧面，清除了松毛虫拉起的所有丝线。凡是刷子刷过的地方，绝不留下任何气味，以免这些气味导致实验失败。结束所有准备工作之后，我开始等待好戏开场。

4

在这个封闭的环形队伍里，再也没有"首领"。每只松毛虫都紧紧地跟着前面的队友，身后的松毛虫同样一丝不苟，它们沿着共同编织的丝带前进。没有"首领"发号施令，更确切地说是没有"首领"任性地改变路线，所有松毛虫都毫不犹豫地顺着这条丝带前进。它们不知道的是，盆沿外的丝线早已被我清除得干干净净。

松毛虫们一边行进，一边吐丝，沿着盆沿转完一圈，就用丝线铺出一条细细的白色轨道。很快，轨道变成一条窄窄的丝带，上面一根分支也没有。这些松毛虫会在这条封闭的路上做什么呢？它们会不会不停地绕圈前进，直到走得筋疲力尽？

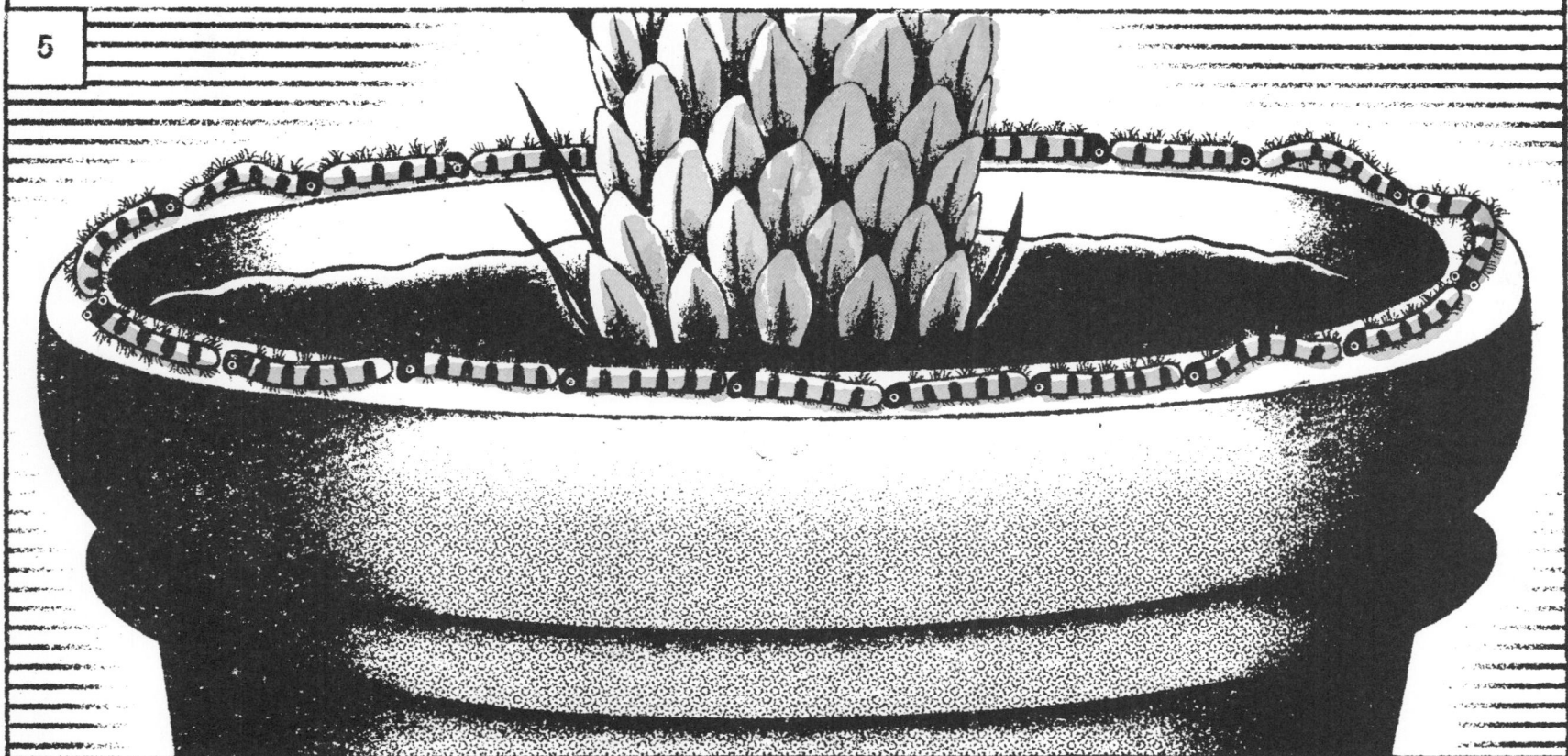

1月30日，大约正午时分，在温暖的阳光下，环形队伍开始行进。它们的步伐整齐划一，每只松毛虫都紧贴着前面伙伴的尾部。这个连续不断的队伍没有接到任何变换方向的指示，所有松毛虫都机械地沿着环形路线前进，就像仪表盘的指针一样忠诚。失去"首领"的队伍也失去了自由，没有了自主意志，变成了一枚"齿轮"。时间一分一秒地流逝，实验的成功程度远远超出我的想象。我对此感到很惊讶。

在此期间，花盆盆沿上的路被丝线层层覆盖，最初的轨道已经变成两毫米宽的丝带，非常漂亮。我欣然地看着

它在淡红色花盆的映衬下闪闪发光。大半天快要过去了，松毛虫队伍的行进路线仍然没有发生任何变化。

晚上十点钟，松毛虫们饥寒交迫、筋疲力尽，只能懒懒地扭着屁股向前挪动，我感觉它们很快就会停下前行的脚步。

美丽的枝丫就在不远处闪耀着绿油油的光芒，它们只要爬下花盆，就可以返回到枝丫上。可这群悲惨的松毛虫却不能下定决心改变路线，仍然傻傻地做着丝带的奴隶。十点半的时候，我离开了这群可怜的家伙，相信夜晚会指引它们安然无恙地返回家中。

寒冷的一夜过去了。天刚蒙蒙亮，长满迷迭香的小路因为结了霜而闪闪发光，花园里的大水池今年已经是第二次结冰了。

执拗的松毛虫们还留在盆沿上。因为没有躲避的地方，它们似乎度过了一个非常难熬的夜晚。此刻，它们分成了没有任何秩序的两组，一个挨一个地挤在一起，也许这样不会觉得太冷吧。

有时候，不幸也可能转变成一种幸运。夜晚的严寒让环形队伍分成两组，也为松毛虫创造了一次获救的机会：当每组松毛虫醒来后恢复行军时，会产生队伍的"新首领"，"新首领"的前面没有别的松毛虫，它便可以改变队伍的前进方向。

我们一起来好好观察一下。松毛虫从昏睡中苏醒过来了，渐渐形成两个队伍。两位领头的新队长可以独立做出决定，自由选择行进方向。那么，它们能率领队伍成功逃离这个像被施了魔法一样的怪圈吗？看着它们面带忧愁地晃动着胖乎乎、黑油油的脑袋，我的心中燃起了希望的火苗。可是很快，现实就将这火苗无情地浇灭了。随着断开的两支队伍越拉越长，慢慢又重新接上，再次组成了一个封闭的圆圈。刚刚的队长又变回了一味服从的队员，松毛虫们又绕着环形盆沿走了整整一天。

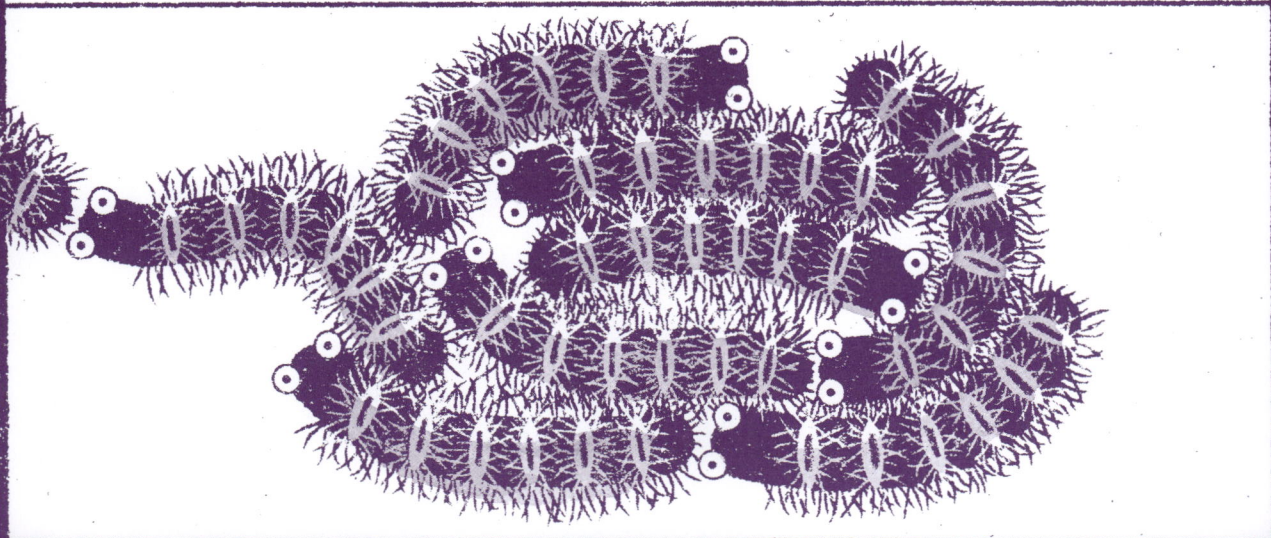

夜幕再次降临，宁静的夜空中繁星闪烁，天地之间弥漫着刺骨的寒气。天亮的时候，花盆上的松毛虫们挤成一团，分散到丝带的两侧。渐渐地，这群松毛虫从麻木中恢复了知觉，一只睡在丝带外侧的松毛虫率先启程，踌躇着踏上了未知的旅途。它翻过盆沿顶端，顺着花盆内侧爬下去，抵达花盆中心的土壤，身后跟着其他六只松毛虫。

这支"小分队"爬上棕榈树的顶端，忍受着饥饿的折磨四处寻觅食物，却没找到任何合口味的东西。它们只好沿着来时留在路上的丝线原路返回，翻越盆口边沿，回到了队伍里。这时它们不再感到忧心忡忡，立刻加入了前行的队伍。松毛虫们又组成了一个完整的圆环，一个不停旋转的怪圈。

松毛虫到底什么时候才能离开这个鬼地方？

与人类列车不同，松毛虫列车要想脱离困境，得努力脱轨才行。而能否脱轨，完全取决于队长的任性决定——它是唯一能够调整队伍行进方向的松毛虫。但是只要圆环不断裂，这位队长就没法产生。

到了第五天，队列从最初的整齐划一变得杂乱无章，这似乎预示着它们即将解脱。

疲倦加重了队伍的混乱程度，许多受伤的松毛虫拒绝继续前进。队伍不断瓦解，形成了一截截小分队。新上任的"首领们"开始指手画脚，激情昂扬地率领各自的队伍在这片区域里摸索着。似乎一切都预示着队伍即将解散，松毛虫离获救又更近了一步。但是我的期待又一次落空了。天黑之前，松毛虫又重整队伍，再次启动了那不可抑制的旋转。

严寒猛然退去，天气变得暖和起来。今天是2月4日，风和日丽，天朗气清。盆沿上的圆环时不时断开，然后又连接在一起。在温暖的阳光下，几位英勇的队长用身体最靠后的一双脚勾住花盆的边缘，将身体探到空中，扭来扭去，仔细地研究着这片广阔的疆域。

其中的一位"冒险家"决定纵身一跃，滑下盆沿，它的身后跟着四只松毛虫。其他的松毛虫不敢效仿它们，依旧顺着那条丝线轨道，不厌其烦地行进着。

脱离集体的这支松毛虫小分队在花盆外壁上犹豫了很久，反复摸索着。最后，它们只下到花盆的半中腰，又转过身歪歪扭扭地爬上盆沿，重新加入大部队。

这次尝试以失败告终。

不过，它们的尝试没有白费。那支松毛虫小分队留在路上的丝线将成为新一轮尝试的导火索，最终指引它们走向获救的道路。第二天，也就是被困在盆沿上的第七天，松毛虫们时而凑成几群，时而排成几串，沿着这些丝线标记的路径爬下了盆沿。日落时分，队伍最后面的松毛虫终于成功返回了巢穴。

现在，让我们来粗略地计算一下。松毛虫在花盆盆沿上待了整整7天，每天24小时，考虑到因为某些松毛虫疲惫造成队伍的停顿，尤其是在夜间最寒冷的时候进行的休憩，为了计算准确，我们减去一半时长，剩下84小时行进时间。用这个时间乘以松毛虫行进的平均速度9厘米/分钟，得出路程的总长度为453.6米，几乎是一千米的一半。这群松毛虫迈着小碎步可真是走了不少路！另外，我们知道花盆的周长——环形路线的长度为1.35米。因此，这些松毛虫总共沿着同一方向徒劳无果地转了336圈。

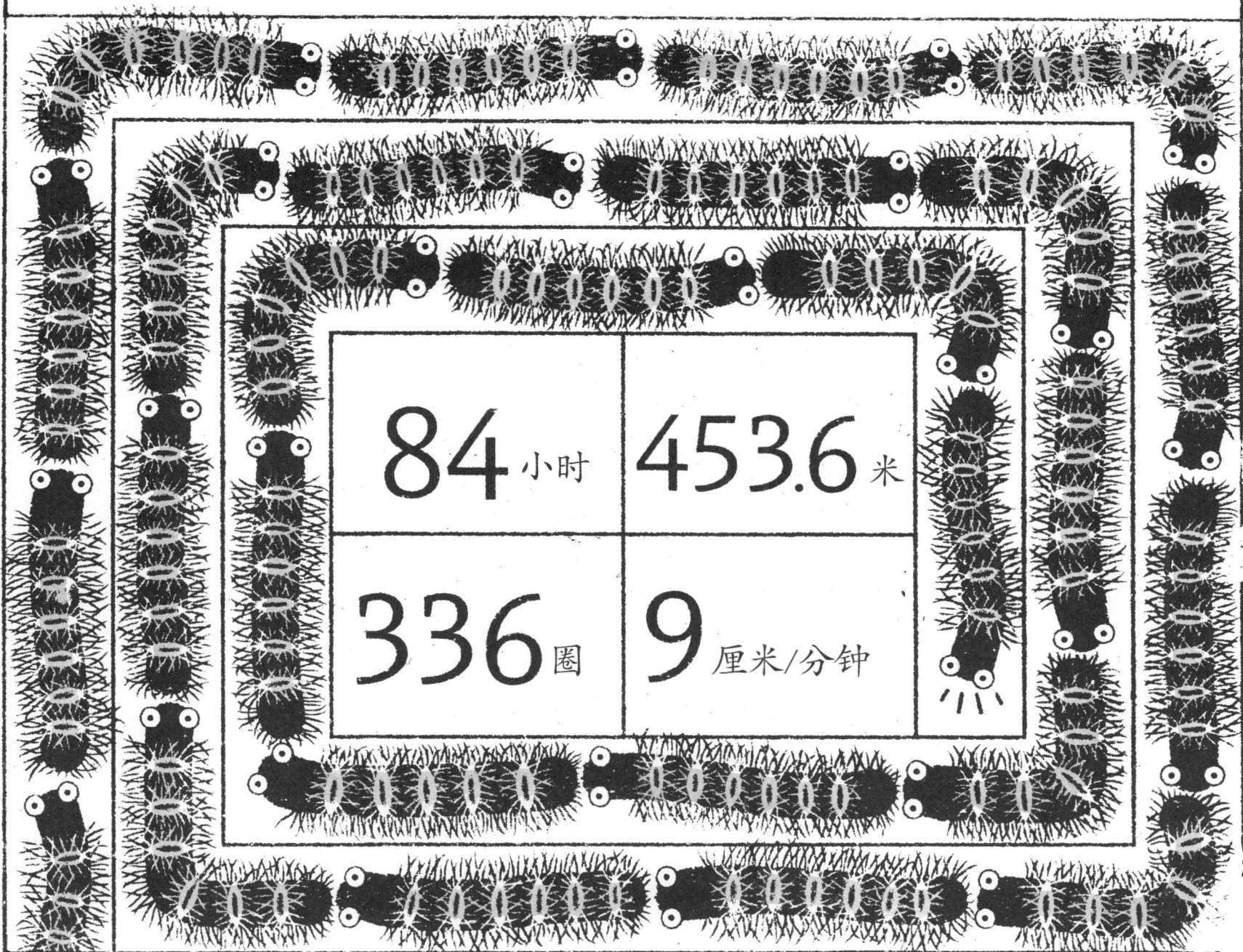

84 小时	453.6 米
336 圈	9 厘米/分钟

试验和反思并不是松毛虫擅长的事情。这将近五百米长、三百多圈的考验也没教会它们什么经验，它们仍然需要偶发状况的指引，才能返回巢穴。如果不是因为夜间安营扎寨的混乱导致队伍断裂，以及歇脚时将几根丝线抛出了环形路线之外，松毛虫们恐怕要在这条被设下圈套的丝带上一命呜呼了。幸好几只松毛虫顺着这些无意中铺设的丝线，离开了盆沿。因为迷失方向，它们利用吐丝的习惯为爬下花盆的路做了标记。最终，在幸运女神的帮助下，松毛虫们排成一串串短小的队列，成功地爬下了花盆。

松异舟蛾

正值阳春三月，松毛虫们排着整齐的队伍爬来爬去。许多松毛虫离开了敞着门的温室，为即将经历的变态发育寻觅场地。这是一次终极出走，它们彻底抛弃了巢穴和松树。它们背上的"披风"已经严重枯萎，微白的底色上生长着几根红棕色的毛毛。

3月20日这天，我花了整整一上午时间，跟在一支松毛虫队伍后面观察。这支队伍长约三米，有一百多只松毛虫。它们顽强地在铺满灰尘的地面上挪动着，留下一串浅浅的印记。随后，队伍分散成几组，每组凑成一堆，聚在一起休息，身体还在猛烈地晃来晃去。各组松毛虫歇脚的时间长短不一，休息完毕后，就重整队伍继续行进，成为互相独立的队列。

它们没有明确的行进方向：有的队伍前进，有的后退，有的向右走，有的向左走。它们没有任何军规，也没有明确的目的地，不过，大致是朝着温室的墙行进的。时值正午，墙面反射着太阳的光芒，散发着洋洋暖意。日照似乎成了唯一的指引，散发热量多的地点更能得到松毛虫的青睐。

两个小时后，几支分散的队伍各自带领着二十几只松毛虫，抵达墙角。领队的松毛虫不停地用嘴巴钻探，轻轻地翻土，仔细研究着土壤的情况。其余的松毛虫则温顺地跟在它的身后，什么也不做，完全听从队长的安排。

终于发现了一个不错的地方。队长停下脚步，先用额头顶着土壤推了推，然后用嘴巴刨起一点土尝了尝味道。后面的松毛虫排成一队，仿佛一根细绳，一个接一个抵达这里，停下来。队伍随即解散，松毛虫开始自由活动。它们胡乱地扭动着身体，挤来挤去，将头埋进灰尘里，用脚耙着土，嘴巴不停地向前掘动。

松毛虫们一头扎进这项浩大的工程中，脚下的地面一点点凹陷。一会儿的工夫，地表就裂了缝，地下的土壤被翻到地面，地下布满了鼹鼠洞一样的小孔。松毛虫们休息了一会儿，然后爬进三个拇指深的洞里。这片粗糙的土地只容许它们挖这么深了。

十五天后，我挖开松毛虫钻入地下的地方，发现了几堆茧，丝线中还卷入了一些块状泥土，看起来脏兮兮的。

突然，一个古怪的问题钻进了我的脑海：这些松异舟蛾要怎样才能从它在松毛虫时期爬入的地下墓穴里爬出来呢？它要有冲破阻碍的力量、钻孔的工具和不影响行动的简易"服装"。

破茧而出时，舟蛾科昆虫穿着小心包裹好的"衣裳"，宛如一根圆柱。它的翅膀是地下工作的主要障碍，现在像两条窄窄的围巾，贴在胸膛上。触角本来也很麻烦，还好现在上面的羽毛还没展开，只是沿着身体垂下来。它身上的绒毛向后倒贴在身体上，不久以后会长得很浓密。此刻，它只有腿可以自由活动，既灵活又充满力量。

这样的设计大大减少了松异舟蛾身体的束缚，让它可以穿过土壤，抵达地面。

终于，松异舟蛾钻出地面，开始了一系列复杂的变身活动：它缓慢地展开翅膀，撑开触角上的羽毛，竖起全身的绒毛。它的打扮很低调：上面那对翅膀呈灰色，翅膀上横着几道带棱角的棕色条纹；下面那对翅膀呈白色；胸部的毛灰突突的，很是浓密；腹部则被鲜艳的红棕色绒毛覆盖；身体最后一节闪烁着淡金色的光辉。

白天，松异舟蛾无精打采、一动不动地趴在低处的树叶上。它的生命非常短暂，只在夜间活动，交配和产卵也都在夜间进行。第二天，它的一生就结束了：这只舟蛾科昆虫永远地离开了这个世界。

皇帝天蚕蛾

这是一个难忘的夜晚。我把它命名为皇帝天蚕蛾的夜晚。

5月6日那天早上，一只皇帝天蚕蛾在我的注视下破茧而出，趴在了昆虫实验室的桌子上。我立刻将它扣在一个金属网编成的钟形罩子下。它刚刚破茧而出，浑身还湿漉漉的。我并没有为它制定任何特殊的计划，只是按观察者的习惯把它囚禁起来，并密切关注可能会出现的情况。

这确实为我带来不小的收获。那天晚上大约九点钟，我们全家人正准备睡觉，突然从我隔壁的房间传来一阵乱糟糟的响动。小保罗的衣服脱了一半，来来回回地又跑又跳，一会儿跺脚，一会儿撞翻椅子，跟疯了似的。我听到他在叫我。"快来！"他喊道，"来看这些蛾子，它们像鸟儿一样大！满屋子都是！"

我急忙跑过去。怪不得这孩子如此兴奋，激动得大呼小叫。我们家还从没遭遇过这样的侵袭——一场由大蛾子发动的进攻。其中四只已经被捉住，关在一只麻雀笼子里，还有许多蛾子在天花板上飞来飞去。

看到这一幕，我不禁想起早上被我擅自扣押的那只雌性皇帝天蚕蛾。"快穿上你的衣服，小家伙。"我对儿子说，"放下你的笼子，跟我来，咱们去看好玩儿的东西。"

我们下楼来到位于住宅右侧的实验室。经过厨房时，我们碰到了保姆，她被眼前的景象惊得目瞪口呆，正用围裙驱赶着大蛾子。刚开始她还以为那些是蝙蝠呢。

那只"囚犯"竟然招来了一群大蛾子，不知道它身边的情况如何？

我们手持蜡烛走进房间，眼前的一幕让人印象深刻：一群大蛾子轻拍着翅膀，正绕着钟形罩子飞舞着，发出柔和的噼啪声。它们时而停下，时而飞走，继而又飞回来；它们冲上天花板，又缓缓降落；它们扑向蜡烛，翅膀一扇，蜡烛灭了；它们又扑向我们的肩头，钩住我们的衣服，掠过我们的脸颊。

有多少只大蛾子？将近二十只。再加上误入厨房、孩子们卧室和其他房间里的，总数接近四十只！这真是一个难忘的夜晚，要我说，这就是一个属于皇帝天蚕蛾的晚会。这些雄性皇帝天蚕蛾来自四面八方，像四十位收到讯号的恋人。它们穿越幽暗的房间，殷勤地来向这位今早降生、已到适婚年龄的"女子"表达爱慕之情。

为了实现生命的唯一目标——交配，皇帝天蚕蛾具备了一种绝佳的特性：它们可以跨越距离、穿越黑暗、翻越障碍，找到朝思暮想的爱人。

每天晚上，我都将钟形罩子放到不同的地方。有时放在房屋北侧，有时放在南侧，有时放在一楼或二楼，有时藏在一个偏僻房间的深处，还有的时候干脆搁在户外。我策划着这些出其不意的迁居，是想让前来探寻的雄性皇帝天蚕蛾迷失方向。可它们丝毫不受干扰，反倒白白浪费了我的时间和

精力。

每天晚上，雄性皇帝天蚕蛾以十几只、二十几只或更多为一组，赶来探望那位让它们牵肠挂肚的"姑娘"。那只雌蛾则像一位大腹便便、强壮有力的胖妇人，牢牢抓住钟形罩子的金属网，一动也不动，仿佛对眼前的一切都漠不关心。它不散发任何气味，连我们家最灵敏的鼻子也闻不到；它也不制造任何动静，我请来作证的所有亲友中，最敏锐的耳朵也觉察不到丝毫声响；它纹丝不动，就一门心思地等待着。

雌蛾身旁的雄蛾几只凑成一伙，猛地扑向钟形罩子的圆顶，激动地在屋子里绕了一大圈。它们不停地扇动翅膀，用翅膀末端拍打着圆顶。面对其他献殷勤的同伴，雄蛾们没有

显露出任何嫉妒的迹象，竞争对手之间没有争斗，而是各自使出浑身解数，力图进入笼子。

然而，各种尝试都徒劳无果，这让雄蛾感到气馁。它们飞到空中，再次混入急速旋转的"芭蕾舞团"。几只心灰意冷的从敞开的窗户飞走了，新来的雄蛾立刻接替它们。晚上十点钟左右，雄蛾一直徘徊在钟形罩子的圆顶上，不停地尝试接近雌蛾。它们很快感到厌倦，又很快重整旗鼓，继续这无穷无尽的尝试。

横纹金蛛 *

　　所有小猎物都令横纹金蛛欢喜。因此，在所有蝗虫跳跃、蝴蝶纷飞、双翅目昆虫翱翔和蜻蜓飞舞的地方，都能看到它们的身影。

　　横纹金蛛的猎捕工具是一张竖起来的大"桌布"，"桌布"的边缘用许多丝线系在附近的树枝上。蛛网的结构与其他蜘蛛目昆虫相同：从蛛网中心向外放射出许多笔直的丝线，邻近丝线之间的距离相等。在这个小型"屋架"上，一条连续不断的蛛丝从中心出发，呈螺旋状向四周伸展，架起一根根"横梁"。

　　一条不透明的宽丝带在蛛网下方，以蛛网中心为起点，在蛛网半径内来回穿梭，形成"之"字形。这是园蛛科蜘蛛的标志。

　　横纹金蛛把腿摊开，趴在蛛网中心，静静等待幸运女神赐给它的一切。暴躁的蝗虫时常跳进它的陷阱。

　　这时，横纹金蛛会背对猎物，让莲蓬头一般布满小孔的吐丝器运转起来。它的后脚接住柔软的丝线，快速地反复合抱，编织一块"布"的同时，不停地转动猎物，用"布"将它包裹得严严实实的。

　　当"白布"里的猎物不再动弹时，横纹金蛛便亮出分泌毒液的獠牙，走近猎物。它不断地轻咬这个蝗虫科昆虫，然后转身离开，留下猎物逐渐变得麻木、衰弱。

　　不久，横纹金蛛便回到那一动不动的猎物身边，尽情吮吸着它，直到将它吸干。最后，它把吮吸干净的蝗虫遗骨扔到蛛网外面，重新返回蛛网中央，继续守株待兔。

---

*按照分类学定义，蜘蛛并不属于昆虫，法布尔也知道这一点。他是遵从动物观察家的研究本能而将蜘蛛与其他昆虫放在一起观察、描写的。

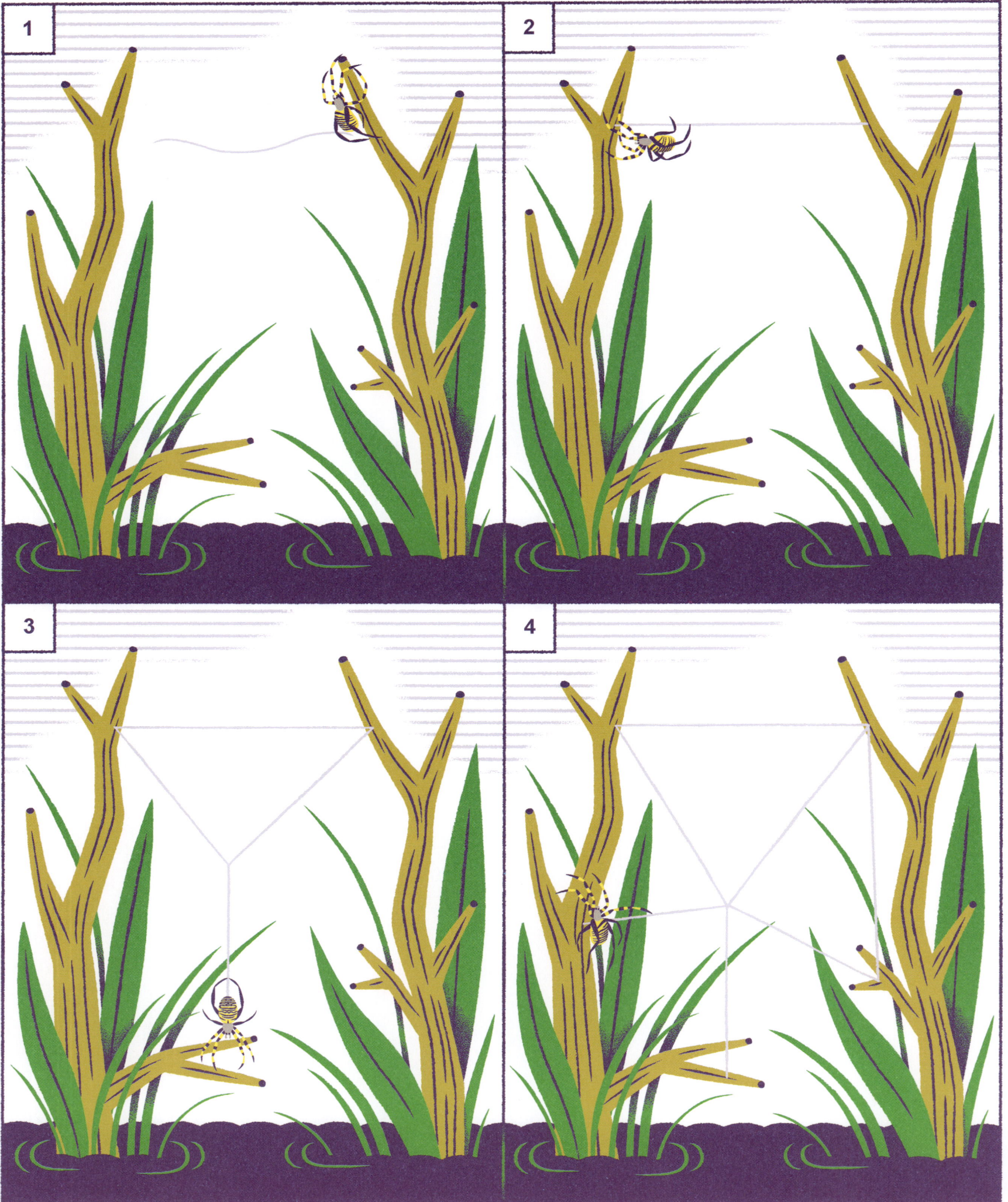

5

6

7

8

电报线

在我观察的六只园蛛科蜘蛛中，只有横纹金蛛和丝光金蛛，即使头顶着毒辣炽热的阳光，也总是待在它们的蛛网上。其他的蜘蛛通常只在夜幕完全降临时才露面，它们在距离蛛网不远的荆棘丛中拥有一处简易的躲避场所，那是它们绷紧蛛丝、聚拢几片叶子形成的埋伏地。白天，它们静静地待在那里，一动不动。

通常情况下，黏黏的蛛网即使在夜晚断裂开，白天也可以继续使用。如果某个冒失鬼在白天自投罗网，藏在远处的蜘蛛能否及时抓住这个捕猎机会？这个不必担心，它们可以迅速赶到现场。那么它们是如何迅速掌握消息的呢？我们来分析一下。

对蜘蛛而言，蛛网的震动比视觉更容易把蜘蛛唤醒。用一个简单的实验就可以证明这一点。

我在横纹金蛛那黏黏的蛛网上放了一只因为吸入二硫化碳而窒息死亡的蝗虫。我把蝗虫尸体时而摆在横纹金蛛面前，时而放在它的身后，时而搁在它的身体两侧，但它始终趴在蛛网中心，一动也不动。

即便我将蝗虫放在它面前很近的地方，横纹金蛛也无动于衷。

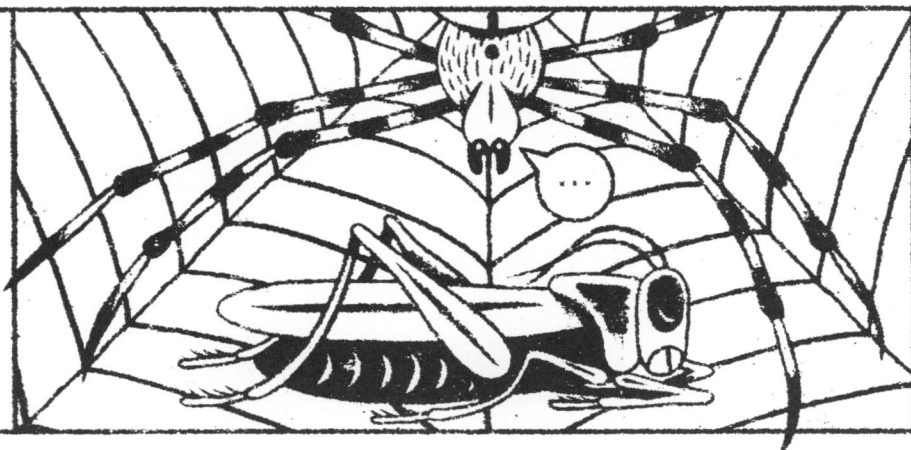

它对猎物毫不关心，最终耗尽了我的耐心。

第二次，我把自己隐藏起来，用一根长长的麦秆拨弄那只死掉的蝗虫，使它微微抖动。

横纹金蛛和丝光金蛛立刻离开蛛网中心，冲向猎物，其他蜘蛛也冲出家门，从树枝上迅速降落。它们一起来到蝗虫身边，用丝带将它缠绕起来，就像对待一只正常捕捉到的活猎物一样。原来蜘蛛需要感受到蛛网的震动才能下定决心进攻。

那么，蜘蛛是怎么感知蛛网震动的呢？我想不一定是通过视力，因为蜘蛛是一种高度近视的动物，如果猎物不能使蛛网产生震动，即使仅隔着人手掌宽的距离，蜘蛛也觉察不到猎物的存在。而且，通常情况下，蜘蛛猎捕是在深度黑暗的夜间进行的，即便有绝佳的视力也派不上用场。

因此，远距离"通信设备"变得必不可少。要找到这项设备倒是一点儿也不难。

随意挑选一只白天躲起来的园蛛科蜘蛛，在它的蛛网后面仔细瞧一瞧，我们会看到从蛛网中心延伸出一条丝线，斜向上通往蜘蛛白天的藏身之处。除了蛛网中心，这条丝线与蛛网没有其他交叉点，它不受任何束缚，可从蛛网中心径直通向蜘蛛埋伏时藏身的"楼阁"。

毫无疑问，这条斜线是一座"天桥"，当有紧急事务出现时，蜘蛛就可以通过这座"天桥"尽快赶到蛛网上。巡查结束后，再沿着"天桥"返回"楼阁"。这就是它往返蛛网的捷径。但，这就是全部的事实吗？

为什么这根丝线总是从蛛网中心开始向外延伸，而不从别处开始？那是因为这个点是所有蛛丝交会的地方，也是所有震动汇聚的地方。所有在蛛网上动弹的东西都会将震动信息传送到蛛网中心。所以，只需要连接中心点，这根丝线就可以将猎物正在蛛网上挣扎的消息传到"楼阁"。这根位于"桌布"之上的丝线比真正的天桥还要厉害，它不仅是可供通行的天桥，更是一个信号器、一根电报线。

为了做对比，还需要再做个实验。我又在蛛网上放了一只蝗虫。可怜的家伙立刻被黏住，在上面翻来覆去。眨眼间，蜘蛛便从它的"楼阁"里激动地跑出来，顺着"天桥"爬下去，迅速冲向蛛网上的蝗虫。它将蝗虫包裹起来，展开一系列操作后，又将蝗虫拉起来，用一根蛛丝固定在吐丝器上，拖着猎物返回藏身之地。它将在那里尽情享用这顿美餐。

我任由这只蜘蛛自己待了一段时间，几天之后，再次出手干预。我要继续向它献上一只蝗虫。这一次，我先用剪刀小心翼翼地、轻轻地剪断了蛛网的"警报线"，避免引发任何震动，然后把猎物投放到蛛网上。大功告成！蝗虫被缠住手脚，不停地挣扎，蛛网也跟着震动起来，但是蜘蛛纹丝不动，仿佛对这一切漠不关心。

这是为什么呢？这是因为它的"警报器"发生了故障，不能向它传递蛛网震动的警报，它也看不到蛛网上的猎物——这样的距离对它而言过于遥远，所以它压根儿不知道猎物的存在。一个小时过去了，蝗虫一直在激烈地挣扎，蜘蛛却始终无动于衷，我也始终袖手旁观。终于，它突然醒悟过来，发现自己感觉不到从脚下那根被我剪断的"警报线"传来的信号，于是前来查看情况。它顺着蛛网"屋架"上的一根丝线抵达蛛网。这时，它才注意到那只翻来覆去的蝗虫，于是立刻将它裹起来，并且重新织了一根"警报线"，替换掉被我剪断的那根。之后，园蛛科蜘蛛拖着猎物，沿着这条新修好的路返回到家中。

不过，蛛网有时也会被风吹得晃动。由于受到气流的抖动和拉扯，"屋架"的各部分也会向"警报线"传递震动的信

号。然而，园蛛科蜘蛛对这类震动总是毫不在意，更不会从"楼阁"里探出头来。如此说来，它的信号器比依靠拉动传递推动力的电铃线还高级，因为它能够传递来源于声音的分子振动，就如同人类的电话一般。蜘蛛用一只脚紧紧抓住"电话线"，拿脚接听电话，感受着最隐秘的震动。它能够清晰地分辨出那是猎物的抖动还是微风引起的震颤。

狼蛛

　　8月初，孩子们把我叫到院子深处，他们刚刚在迷迭香花丛里有了新发现，正兴奋得手舞足蹈。这是一只漂亮的狼蛛，拖着一个硕大的肚子，这意味着它很快就要产卵了。

　　我把这位漂亮的胖妇人关在一只钟形罩子底下，并把罩子安置在盛满沙子的砂罐上。

　　十天之后，我撞见它正在为分娩做准备。它先在沙子上织了一张丝网，这将成为它的产床。

　　接着，它以此为基础，用漂亮的白色蛛丝制作了一块圆形的"床单"。

　　这块用蛛丝织成的圆形薄片微微向下凹陷，边缘宽大而扁平，像一个半球形的盆。

　　产卵的时刻到了。很快，黏黏的、淡黄色的蜘蛛卵全部落到半球形的盆里。吐丝器重新启动，它要将这个缺少盖子的半球体遮盖起来。最终，它成功地把半球体织成一个完整的袋子，镶嵌在"产床"中心。

　　狼蛛猛烈地挥动钩爪，不停地拉扯，并用腿来回横扫，不断清理着这个袋子。等它将盛着卵的袋子拽离地面时，袋子已经被收拾得干干净净、没有任何附着物了。里面只有它的卵。

　　整整一上午，狼蛛一刻不停地忙着纺织和清理。一切都结束之后，这位母亲已经累得筋疲力尽。它用脚缠住珍贵的袋子，趴着一动不动。

　　第二天，我又找到这只蜘蛛，发现它把盛着卵的袋子挂在了身后。

　　它用一根短短的丝带将袋子固定在吐丝器上，然后带着这个不停拍打它脚后跟的累赘四处忙碌。从此之后，直到小蜘蛛孵化，它都不会放下这个珍贵的负担。

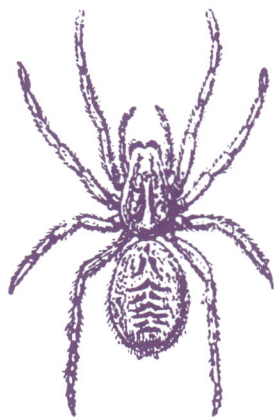

这真是一副值得赞叹的景象：无论白天还是黑夜，无论在睡梦中还是清醒时，狼蛛都会将它的宝贝卵袋拖在身后，从不离身。它带着一股令人敬畏的英勇精神保护着自己的孩子。如果我试图将卵袋夺走，狼蛛会视死如归地将

它压在自己的胸膛上，同时紧紧抓住我的镊子，用分泌毒液的獠牙不停地啃咬，发出比匕首划过铁器的吱吱声。如果我的手指没有装备"武器"，它绝不可能任我毫发无伤地抢走它的卵袋。

我用镊子夹住卵袋不停地晃动，将它从狼蛛手里抢了过来。狼蛛妈妈愤怒地抗议着。

我又向它扔去另一只狼蛛的卵袋作为交换。

狼蛛妈妈立刻用爪子抓住新的卵袋，用脚将它缠住，把它挂在吐丝器上。不管是别人的还是自己的，对它来说都一样。然后，它骄傲地拖着这个与它毫不相干的卵袋继续走来走去。

我与第二位狼蛛妈妈进行了另一项实验，它犯下了更惊人的错误。我先取走了它的卵袋，然后给了它一个丝光金蛛的卵袋。尽管两种卵袋的颜色和柔软度大致相同，但它们的形状截然不同。

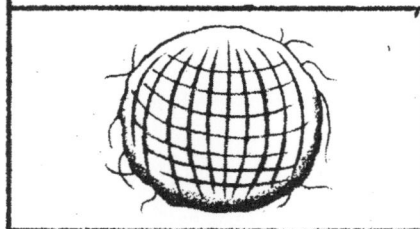

然而，狼蛛妈妈丝毫没有发现这样的差异，还立刻将这只陌生的卵袋粘到自己的吐丝器上，摆出一副心满意足的样子，好像重新找回了自己的卵袋一样。

我们进一步探究这只拖着卵袋的蜘蛛的愚蠢程度。我再次夺走狼蛛妈妈的卵袋，并向她扔去一颗软木做的小球，小球经过锉刀的粗略打磨，与被偷走的卵袋体积相当。

尽管如此，这个软木球与蛛丝织成的卵袋还是有着天壤之别，狼蛛妈妈却不假思索地接纳了它。

这只狼蛛本应用它那八只闪烁着宝石般光芒的眼睛看出其中的差别，可是这个傻蛋丝毫没有留意到。它温柔地缠住软木球，用触须轻柔地抚摸着，把它固定在自己的吐丝器上。然后，就像拖着自己的卵袋一样拖着这颗小球四处忙碌。

让我们再考验一下另一只狼蛛，看它能否在真假卵袋之间做出正确的选择。我把它的卵袋和一颗软木球同时放在广口瓶中央。它能分辨出自己的卵袋吗？

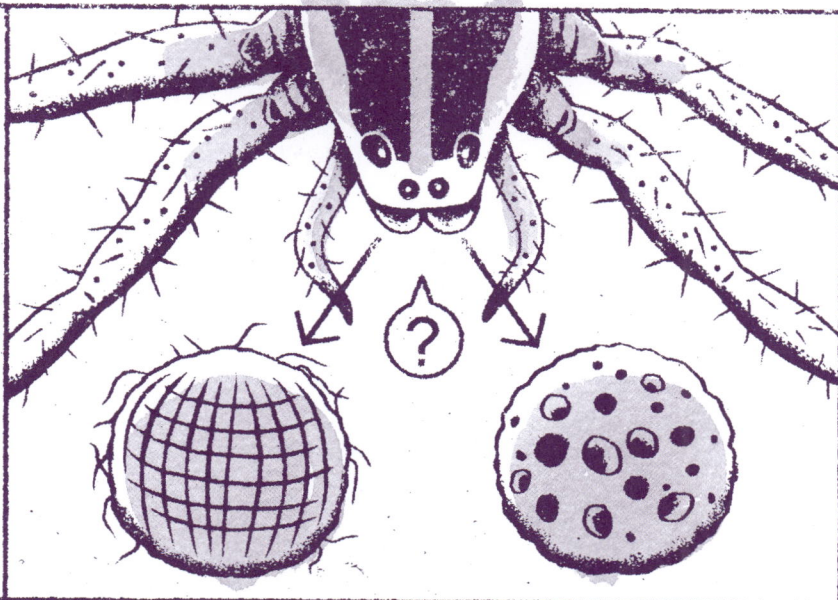

结果是，这只傻蜘蛛分辨不出。它十分着急，变得暴躁起来，毫无头绪地乱抓一通，时而抓住它的卵袋，时而逮住那颗鱼目混珠的软木球。最终，它选择了自己最先碰触到的那颗，并立刻把它挂在身后。

如果我把软木球的数量增加到4颗或5颗，并在其中混入真正的卵袋，狼蛛就很难选中它的孩子了。它总是不管真假，胡乱抓取一颗留下。人造软木小球数量最多，出现的频率最高，因此最常被狼蛛抓住。

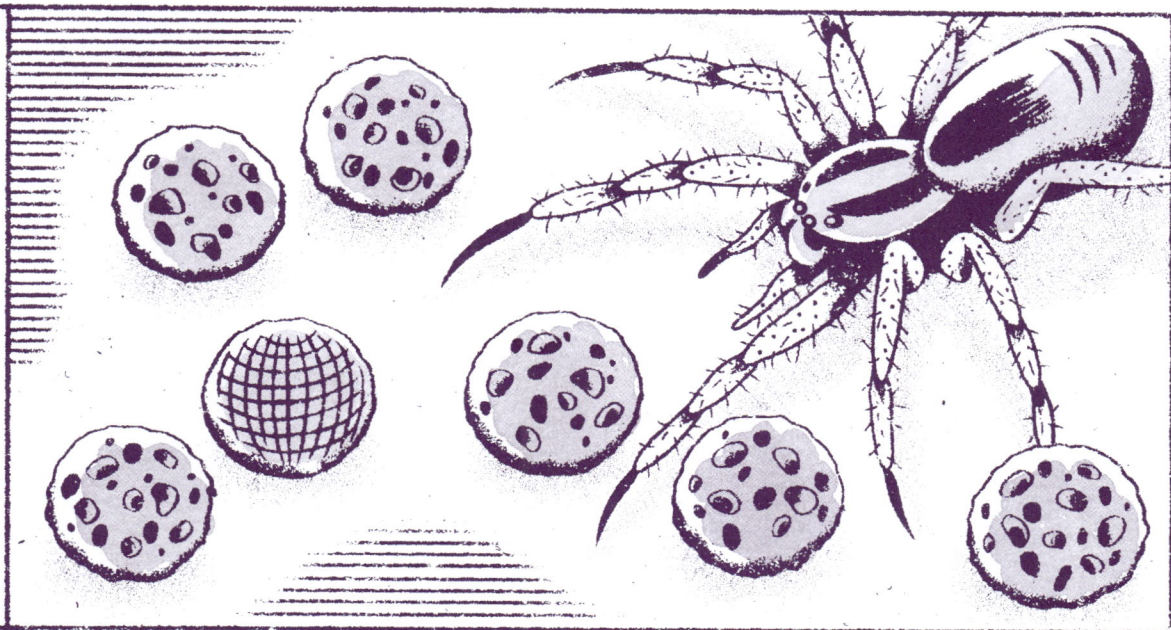

狼蛛的这种表现让我困惑：难道它被软木球柔软的触感给欺骗了？于是，我将软木球换成了棉线球和纸球，并在它们球形的表面固定了几根线绳。然而，这些假袋囊都被狼蛛欣然接纳了。

那么，是不是相近的颜色给狼蛛造成了错觉？软木球的金色就像卵袋沾染了些许泥土之后的颜色，纸和棉线的白色则与干净的卵袋颜色一模一样。于是，我取走狼蛛的卵袋，给了它一个丝线球作为交换，并且选择了最鲜艳夺目的红色丝线球。可狼蛛还是接纳了这个丝线球，并对它呵护备至，对它的珍视程度一点儿都不亚于对待其他的小球。

9月上旬，狼蛛的幼仔逐渐从卵袋中涌出来，大约有两百只。它们爬到狼蛛妈妈背上，一个挨一个地挤在一起，趴在上面一动不动。它们的肚子圆鼓鼓的，腿脚乱七八糟地搭在一起，就像给狼蛛妈妈披了一件"活斗篷"。狼蛛妈妈被压在这件"活斗篷"下面，变得难以辨认。孵化结束后，那个卵袋变得空空荡荡、破破烂烂，被狼蛛从吐丝器上解下来，扔掉了。

这些小蜘蛛很听话。它们一动不动，从不与兄弟姐妹争抢，温顺地任由妈妈驮运到不同的地方。它们这样不吵不闹地在做什么呢？无论是待在巢穴深处沉思冥想，还是在风和日丽的日子到洞口晒太阳，狼蛛都不会脱下这件用幼虫拼凑而成的"无袖短斗篷"，直到晴朗的季节再次来临。

我有时会在1月或2月的严冬时分去田地里搜寻狼蛛的住所。雨雪和严寒的袭击时常会摧毁洞穴的入口，狼蛛妈妈总是待在家里，充满活力地照顾着它的家庭。这种车载式的养育方式至少要持续6到7个月。

在天气恶劣的季节里，狼蛛妈妈对饮食极其节制。但是为了保持体力，它还是需要时不时打破斋戒，外出寻找猎物。

远征捕猎的旅程危机四伏。被细草枝一刮，一些小蜘蛛就可能会摔到地上。那些摔了跟头的孩子会怎么样呢？狼蛛妈妈会不会担心它们？会不会帮助它们重新爬回自己的背上？答案是不会。狼蛛妈妈心中的柔情已经被分成了几百份，每一份承载的爱意已经微乎其微。别说是一只小蜘蛛从自己的背上摔下来，就是6只，哪怕所有小蜘蛛一起跌下来，狼蛛妈妈眼中也不会闪过一丝忧虑。她会不动声色地等着倒霉的孩子们依靠自己的力量脱离困境，平静地看着它们自己收拾好残局。

我用毛笔将我喂养的一只狼蛛背上的整个家族扫动了一番。被洗劫的狼蛛妈妈没有表现出任何不安，也没有尝试寻找散落的孩子。被赶走的小蜘蛛们在沙地上小跑一会儿后，

再次从四面八方聚集到一起。有的从这儿出发，有的打那儿启程，还有一只从妈妈的脚上赶过来，它们在狼蛛妈妈身边聚成一片，然后借助那些可以攀爬的草枝，再次爬上高处，重新在妈妈的背上挤成一团。小蜘蛛们全数回归，一个也不少。作为狼蛛的后裔，它们出色地掌握了祖传的技艺——攀爬。难怪即便它们摔到地上，狼蛛妈妈也不担心呢。

我在一只驮着孩子的狼蛛身边，用毛笔将另一只狼蛛的孩子扫落到地上。掉落的小蜘蛛们迅速爬到新妈妈的背上，新妈妈也心甘情愿地任这些小家伙攀爬，仿佛它们本来就是自己的孩子。肚皮上没有位置了，这个最受欢迎的地方已经被真正的孩子占领，外来者只好驻扎在更靠前的部位。它们围住狼蛛妈妈的胸部，将这位辛勤的搬运工变成了一个可怕的球状物，再也看不出蜘蛛的样子了。被压弯的狼蛛妈妈没有因为家人过多而发出任何抗议。它心平气和地接纳了所有的小蜘蛛，驮着它们一起前进。

这些幼小的蜘蛛可不懂得分辨情况，它们会爬到眼前出现的第一只蜘蛛身上，只要体型够大，就算种类不同也没有关系。我将这些小狼蛛放在一只园蛛面前，它那淡橙色的底色上还有白色的十字花纹，而这群从狼蛛妈妈背上跌落下来的小家伙立刻毫不犹豫地爬到了陌生的园蛛身上。

可惜这只园蛛忍受不了这样的亲密，它甩动着被侵略的脚，将这些讨厌的小家伙扔得远远的。固执的小蜘蛛们再次发起进攻，有一些甚至爬到了很高的地方。园蛛受不了它们带来的瘙痒感觉，于是翻身朝天躺着，像一头瘙痒难耐的驴一样打滚。一些小蜘蛛的腿脚受了伤，有的甚至被压碎了。可这并没有令其他小蜘蛛打退堂鼓，只要园蛛重新站起来，它们就重新开始攀爬。它们再次栽了跟头，被园蛛的背部好一阵摩擦，直到变得伤痕累累，这群冒失的孩子才终于肯还园蛛一片清净。

图书在版编目（CIP）数据

画说昆虫记：法布尔笔下9个有趣的生命/（法）让-
亨利·法布尔（Jean-Henri Fabre）著；（法）西尔维·
贝萨尔（Sylvie Bessard）绘；林璐译. —— 西安：世界
图书出版西安有限公司，2019.7
ISBN 978-7-5192-5738-5

Ⅰ.①画… Ⅱ.①让… ②西… ③林… Ⅲ.①昆虫学-
青少年读物 Ⅳ.①Q96-49

中国版本图书馆CIP数据核字(2019)第023104号

Bestioles
©2017 Éditions MILAN
Text by Jean-Henri Fabre, illustrations by Sylvie Bessard
Simplified Chinese translation copyright © 2019 Bayard Bridge
Cultural Consulting Co. Ltd.
All rights reserved.

书　　名	画说昆虫记：法布尔笔下9个有趣的生命	
著　　者	[法]让-亨利·法布尔	
绘　　者	[法]西尔维·贝萨尔	
译　　者	林　璐	
策　　划	巴亚桥童书	
责任编辑	王　冰	
特约编辑	刘雪梅	
装帧设计	孙阳阳　李　琳	
出版发行	世界图书出版西安有限公司	
地　　址	西安市锦业路1号都市之门C座	
邮　　编	710065	
电　　话	029-87214941　029-87233647（市场营销部）	
	029-87234767（总编室）	
网　　址	http://www.wpcxa.com	
邮　　箱	xast@wpcxa.com	
经　　销	全国各地新华书店	
印　　刷	深圳当纳利印刷有限公司	
开　　本	787mm×1092mm　1/8	
印　　张	10	
字　　数	60千字	
版　　次	2019年7月第1版	
印　　次	2019年7月第1次印刷	
版权登记	25-2019-076	
国际书号	ISBN 978-7-5192-5738-5	
定　　价	99.00元